电气类专业实践课程建设指南：基于工程教育认证的理念

主编　宋晓通

参编　周京华　徐继宁　胡敦利

本书第 1 章介绍了工程教育认证及其基本理念，论述了工科教育的国际多边互认原则、工程教育认证实践，并阐述了工程教育认证的基本理念和质量评价机制；第 2 章结合编者近年来在电气类专业实习实践课程建设中的成果，论述了评价—反馈—改进闭环机制、实习实践课程规划与建设和实习实践课程设计；第 3 ~ 5 章分别介绍了电气类专业生产实习、认识实习及毕业设计等课程的教学设计与评学机制，重点对能力培养要求与课程目标、课程考核方案和依据、授课过程的注意事项及课程文档的规范性要求等方面进行阐述。

本书可供从事电气类专业实习实践课程教学、工程教育认证的高校专业教师参考，也可供电气类专业高年级本科生阅读使用。

图书在版编目（CIP）数据

电气类专业实践课程建设指南：基于工程教育认证的理念 / 宋晓通主编 .
—北京：机械工业出版社，2023.6
ISBN 978-7-111-72912-9

Ⅰ . ①电…　Ⅱ . ①宋…　Ⅲ . ①电气工程 – 课程建设 – 研究 – 高等学校
Ⅳ . ① TM

中国国家版本馆 CIP 数据核字（2023）第 061051 号

机械工业出版社（北京市百万庄大街 22 号　邮政编码 100037）
策划编辑：江婧婧　　　　责任编辑：江婧婧
责任校对：王荣庆　张　薇　封面设计：鞠　杨
责任印制：常天培
北京机工印刷厂有限公司印刷
2023 年 6 月第 1 版第 1 次印刷
169mm × 239mm · 6.75 印张 · 120 千字
标准书号：ISBN 978-7-111-72912-9
定价：65.00 元

电话服务　　　　　　　　网络服务
客服电话：010-88361066　机　工　官　网：www.cmpbook.com
　　　　　010-88379833　机　工　官　博：weibo.com/cmp1952
　　　　　010-68326294　金　　书　　网：www.golden-book.com
封底无防伪标均为盗版　机工教育服务网：www.cmpedu.com

前　言

认识实习、生产实习、毕业设计是电气类专业培养方案中重要的实习实践类课程内容。认识实习旨在培养学生理论联系实际的学习作风和调查研究的工作方法，提高分析解决问题的能力；了解相关专业工程现场的概况、生产过程，以及专业技术在工程实际中的应用情况，激发学习热情。生产实习的课程目标是引导学生综合运用基本理论、专业知识进行基本技能训练，提高学生分析与解决实际问题的能力，完成工程师的基本训练，并培养学生工程应用能力和创新意识。毕业设计的主要任务则是培养学生综合运用本学科的基本理论、专业知识和基本技能来分析与解决复杂工程问题的能力，系统完成工程师的基本训练，并初步培养学生从事科学研究工作的能力。

实习实践类课程在电气类专业的课程体系中占有重要地位，是达成专业培养目标和毕业要求的不可或缺的环节。近年来，随着工程教育认证工作与“新工科”建设的推进，实习实践类课程的重要性得到进一步提升。在上述背景下，大量反映实习实践教学研究成果的教材、专著也应运而生，有力地提高了“新工科”教育的培养质量。但同类著作大多侧重于特定的课程，较少将这些课程群作为一个“大类”进行阐述。从工程教育认证的视角来看，实习实践类课程在课程设计、课程目标、成果输出等方面存在很多共性。编者首次尝试以工程教育认证理念为主线，贯穿认识实习、生产实习、毕业设计这3门典型的实习实践类课程，系统阐述课程建设、教学设计、评学机制等内容，期望达到相互支撑的效果。

编写团队总结近年来在电气、新能源、自动化等专业开展实习实践课程教学及建设的经验，结合工程教育认证的基本理念和具体要求编写了本书。编者大多来自电气类专业实习实践类课程教学一线，长期从事与本科生实习实践类课程相关的教学及管理工作，具有较丰富的教学经验积累；同时，深度参与了相关专业的工程教育认证工作，对面向工程教育认证的实践课程建设具有较为深入的理解。在体例结构上，以工程教育认证基本理念为纲，以生产实习、认识实习、毕业设计的课程建设与设计为目，注重内容的完备性与系统性。

本书首先阐述了工程教育认证的基本理念、评价—反馈—改进闭环机制等基础理论，在此基础上，分别对生产实习、认识实习、毕业设计这3门课程的教学设计和评学机制进行了论述。在书中内容的详略安排方面，兼顾了各实习实践类课程的一般性和特殊性。本书可作为电气类专业的实习实践类课程教材，也可作为相关院校进行工程教育认证及基于认证范式的专业建设的参考。期待本书的出版对促进实习实践类课程教学的持续改进、宣贯工程教育认证理念发挥积极作用。

编者在本书中总结了多年实习实践类课程教学经验以及教学改革研究成果，并着重吸收了面向工程教育认证的专业建设实践经验。在成书过程中，还博采众家之长，广泛借鉴了广大专家学者的理论和实践成果，在此谨致谢忱。本书出版得到了北方工业大学校内专项经费的支持，特此致谢。鉴于编者水平所限，疏漏之处在所难免，恳请读者批评指正。

编　者

2023 年 1 月

目录

前言

第1章　工程教育认证及其基本理念 …… 1

1.1　国际工程教育认证 …… 1

1.1.1　工程教育的国际多边互认 …… 1

1.1.2　我国的工程教育认证 …… 1

1.2　工程教育认证的基本理念 …… 2

1.3　评教与评学 …… 3

1.3.1　工程教育认证的质量改进机制 …… 3

1.3.2　主要教学环节的质量要求、监控机制及运行情况 …… 4

1.3.3　课程目标达成情况评价机制 …… 10

1.3.4　毕业要求达成情况评价机制 …… 11

1.3.5　评学调查表 …… 12

第2章　电气类专业实习实践课程建设 …… 13

2.1　评价—反馈—改进闭环机制 …… 13

2.1.1　基于产出导向的持续改进机制 …… 13

2.1.2　评价—反馈—改进的工作闭环 …… 15

2.2　实习实践课程规划与建设 …… 16

2.2.1　专业培养目标与社会经济发展需要 …… 16

2.2.2　培养目标与实习实践课程规划 …… 17

2.2.3　实习实践课程基地建设 …… 18

2.3　实习实践课程设计 …… 21

2.3.1　课程设计 …… 21

2.3.2　毕业设计（论文）的质量控制机制 …… 26

第3章　电气类专业生产实习教学设计与评学机制 …… 28

3.1　生产实习的能力培养要求与课程目标 …… 28

3.1.1　生产实习课程简介 …… 28

3.1.2 生产实习的课程目标设计 …… 29
3.2 生产实习课程考核方案和依据 …… 30
3.2.1 生产实习的课程考核方案 …… 30
3.2.2 课程各考核项评价依据和标准 …… 31
3.3 生产实习期间的要求 …… 32
3.3.1 基本要求 …… 32
3.3.2 自主实习流程 …… 33
3.4 生产实习期间的安全注意事项 …… 33
3.4.1 在电力设备上工作的危险源 …… 33
3.4.2 安全注意事项 …… 33
3.4.3 验电安全措施 …… 33
3.4.4 接地安全措施 …… 34
3.4.5 低压回路停电安全措施 …… 34
3.4.6 触电后脱离电源方法 …… 34
3.4.7 心肺复苏急救步骤 …… 35
3.5 生产实习（认识实习）线上教学方案具体实施细则 …… 36
3.5.1 实施细则与要点 …… 36
3.5.2 实习类线上教学实施方案 …… 36
3.6 生产实习成绩评定标准 …… 39
3.6.1 成绩构成 …… 39
3.6.2 生产实习报告评定标准 …… 40
3.6.3 生产实习日志评定标准 …… 40
3.6.4 电子问卷评定标准 …… 41
3.7 生产实习报告和日志参考模板 …… 41
3.7.1 生产实习报告模板——适用于集中实习 …… 41
3.7.2 生产实习报告模板——适用于自主实习 …… 43

第 4 章 电气类专业认识实习教学设计与评学机制 …… 45

4.1 认识实习的能力培养要求与课程目标 …… 45
4.1.1 课程简介 …… 45
4.1.2 认识实习的课程目标设计 …… 45
4.2 认识实习课程考核方案和依据 …… 47
4.2.1 课程考核方案 …… 47
4.2.2 课程各考核项评价依据和标准 …… 47
4.3 认识实习期间的要求 …… 48

4.4 认识实习期间的安全注意事项 …… 48
4.4.1 安全注意事项 …… 48
4.4.2 设备不停电时的安全距离 …… 49
4.5 认识实习成绩构成及评定标准 …… 49
4.5.1 成绩构成 …… 49
4.5.2 实习日志评定标准 …… 49
4.5.3 实习报告评定标准 …… 49
4.6 认识实习报告和日志参考模板 …… 50

第 5 章 电气类专业毕业设计教学设计与评学机制 …… 52

5.1 毕业设计的能力培养要求与课程目标 …… 52
5.1.1 课程简介 …… 52
5.1.2 课程目标设计及达成情况评价 …… 53
5.2 课程考核方案和依据 …… 56
5.3 开题报告 …… 60
5.4 中期报告 …… 67
5.5 成绩评定表 …… 70
5.6 本科生毕业设计说明书（论文）写作规则 …… 71
5.7 毕业设计论文模板 …… 79
5.8 优秀毕业设计案例（缩略版）…… 90

参考文献 …… 97

第1章 工程教育认证及其基本理念

1.1 国际工程教育认证

1.1.1 工程教育的国际多边互认

工程教育认证也称专业认证（Specialized/Professional Accreditation），即专门职业性专业认证，指的是专业性（Professional）认证机构针对高等教育机构开设的职业性专业教育（Programmatic）实施的专门性（Specialized）认证，由专门职业协会协同该专业领域的教育工作者一起进行，为相关人才进入专门职业界从业的预备教育提供质量保证。它主要是对专业学生培养目标、质量、师资队伍、课程设置、实验设备、教学管理、各种教学文件及原始资料等方面的评估，指向一所学校的具体专业或专门学校。

工程教育认证的作用和意义如下：

1）通过认证，明确工程教育专业的标准和基本要求，促进各院校和专业进一步办出自己的特色。改善教学条件，增加教学经费的投入，促进教师队伍的建设和专业化发展，发现大学相关专业院系教学管理的薄弱环节，促进建立科学规范的教学质量管理和监控体系，从而提高大学教学管理水平。

2）通过认证，加强高等工程教育与工业界的联系。把工业界对工程师的要求及时地反馈到工程师培养的过程中来，以引导高等工程教育专业改革与发展方向，加强高等工程教育和工业界的联系，使工业界参与工程师培养过程中培养方案的制定、培养过程的改进与培养成果的验收，促进工业界对高等工程教育的了解和支持。改善高等工程教育的产业适应性，促进高等工程教育为工业界提供合格的工程师。

3）通过认证，推动工程教育改革。近年来随着科学技术和社会经济的迅速发展，各国高等工程教育对教育质量提出的要求越来越高。这些能力指标旨在评价学生的综合能力，包括沟通、合作、专业知识技能、终生学习的能力及世界观等，为教师、教育机构在课程设计上提出了明确方向与要求。

4）通过认证，促进高等工程教育的国际交流，提升我国高等工程教育的国际竞争力，使我国的工程技术人员能够公平地参与国际就业市场的竞争，满足进入国际就业市场的现实要求，获得国际就业市场的公平待遇。

1.1.2 我国的工程教育认证

《华盛顿协议》是国际上最具影响力的工程教育学位互认协议之一，1989年由美国、英国、澳大利亚等6个英语国家的工程教育认证机构发起，其宗旨是通过多边认可工程教育认证结果，实现工程学位互认，促进工程技术人员的国际流动。经过20多年的发展，目前《华盛顿协议》成员遍及五大洲，包括中国、美国、英国、加拿大、爱尔兰、澳大利亚、新西兰、中国香港、南非、日本、新加坡、中国台北、韩国、马来西亚、土耳其、俄罗斯、印度、斯里兰卡、巴基斯坦等19个正式成员以及孟加拉、哥斯达黎加、墨西哥、秘鲁、菲律宾等5个预备成员。我国2013年6月成为预备成员，2016年6月转为正式成员。

2006年，教育部启动工程教育认证试点工作。十多年来，我国以申请加入《华盛顿协议》为契机，以推进工程教育认证为抓手，全面深化工程教育改革，实施了“卓越工程师教育培养计划”等一系列改革举措，有力支撑了“中国制造2025”、“网络强国”战略、“一带一路”倡议。2017年，教育部启动了“新工科”建设，加快发展新兴工科专业，改造升级传统工科专业，主动布局未来战略必争领域人才培养，提升国家硬实力和国际竞争力。目前，中国工程教育已站在新的历史起点上，从全球工程教育改革发展的参与者向贡献者、引领者转变。

2016年，我国正式加入国际工程教育《华盛顿协议》组织，标志着工程教育质量认证体系实现了国际实质等效，工程专业质量标准达到国际认可，成为我国高等教育的一项重大突破。作为《华盛顿协议》正式成员，中国工程教育认证的结果已得到其他18个成员国（地区）认可。

截至2017年底，教育部高等教育教学评估中心和中国工程教育专业认证协会共认证了全国198所高校的846个工科专业。通过专业认证，标志着这些专业的质量实现了国际实质等效，进入全球工程教育的“第一方阵”。作为全国19000多个工科专业的代表，相关专业在参与认证的过程中，积极贯彻“学生中心、产出导向、持续改进”三大理念，主动对标《华盛顿协议》和中国工程教育认证标准要求，修订培养目标、重组课程体系、深化课堂改革、明晰教师责任、健全评价机制、完善条件保障，着力建立持续改进的质量文化，使得人才培养质量明显提升。

1.2 工程教育认证的基本理念

如图1-1所示，我国工程教育认证主要倡导三个基本理念：

1）学生中心理念。强调以学生为中心，围绕培养目标和全体学生毕业要求的达成进行资源配置和教学安排，并将学生和用人单位满意度作为专业评价的重要参考依据。

2）产出导向理念。强调专业教学设计和教学实施以学生接受教育后所取得的学习成果为导向，并对照毕业生核心能力和要求，评价专业教育的有效性。

3）持续改进理念。强调专业必须建立有效的质量监控和持续改进机制，能持续跟踪改进效果并用于推动专业人才培养质量不断提升。

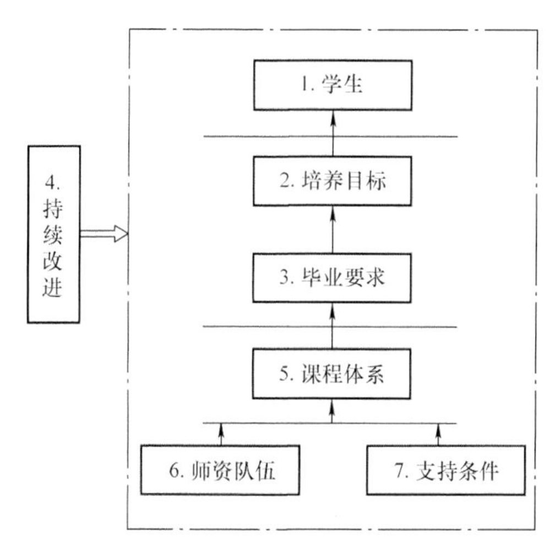

图 1-1　工程认证基本理念

1.3　评教与评学

1.3.1　工程教育认证的质量改进机制

本着“以学生为中心”和“持续改进”的工程教育理念，电气工程及其自动化专业将不同层次的持续改进循环机制落实到与学生自我发展密切相关的培养目标制定、毕业要求达成、课程体系设计、课程设计、课程质量监控、支持条件完善等各环节。教学过程质量监控机制、毕业生跟踪反馈机制和社会评价机制的建立和运行情况如图 1-2 所示。

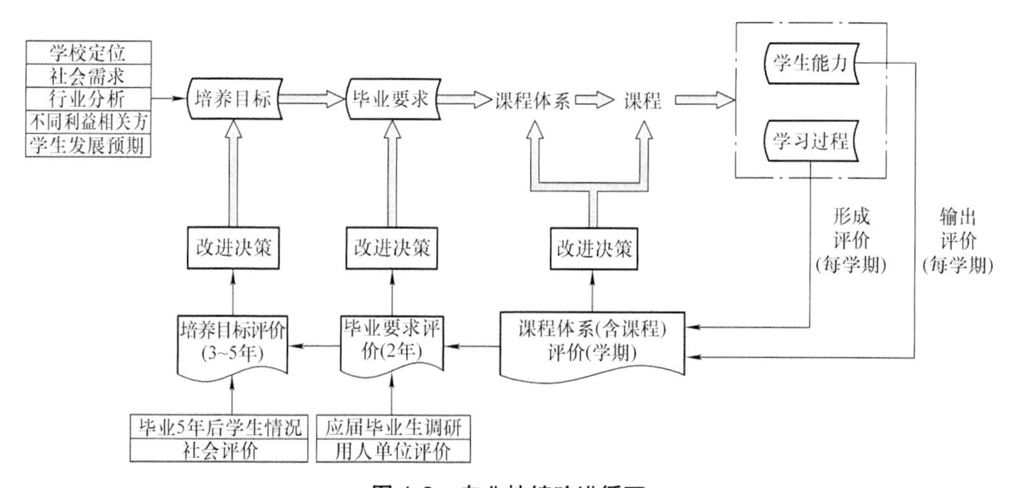

图 1-2　专业持续改进循环

1.3.2 主要教学环节的质量要求、监控机制及运行情况

学校每学期进行一次学生网上评教、评学活动，由学生对每门课教师的教学质量进行不记名的评价，并对自身学习效果及收获进行总结。评价结果反馈至学院及教师个人，并作为教师教学年度考核的重要依据之一。

电气工程及其自动化专业在培养人才过程中，校、院两级制定了一系列的文件，对所有教学环节的质量提出了明确要求，各个环节均有明确的监控机制，从而保证本专业毕业要求的达成。各主要教学环节的质量要求及监控详见表 1-1 所列。

表 1-1 主要教学环节的质量要求及监控汇总表

教学环节	质量要求要点	监控主要责任者	监控数据	监控周期、结果与相应的改进措施
教师任课资格及条件	新入职和新调入教师必须参加学校组织的有关岗前培训。 教师在首次为本科生授课前，必须通过一年的助教和教学准入考核。课堂教学准入考核包括院系备课检查、院系试讲等环节。 院系要为新教师安排指导教师，有计划地做好新教师的培训和辅导，组织新教师参加教学观摩和交流，关心并持续帮助新教师提高教学能力和水平	●校人事处 ●院长 ●主管教学副院长 ●系主任	●新教师岗前培训 ●助教听课记录 ●课前试讲 ●开新课新开课申请记录	监控周期：每学期开课前至课程结束。 监控结果：通过任课资格的教师可以给本科生授课。 改进措施：对新教师试讲过程中存在的问题及时提出，督促其改进并再次试讲，如果确实无法改进并通过试讲的教师则不得给本科生授课
培养方案制定修订	成立以院长为责任人，由主管教学副院长、系主任和专业责任教师组成的专门工作小组，全面组织和负责完成修订培养方案任务，保证培养方案修订质量。 通过本科生培养方案修订，促进课程体系更加科学合理。 根据专业特点和社会需求，探索多元化人才培养的途径，大力推进教学方法和考试方法改革。专业要依据用人单位对人才培养知识结构的需求和专业认证标准，聘请企业专家参与培养方案修订，并聘请校外专家对培养方案进行论证。 培养方案内容符合学校的修订原则，满足学校的相关要求。培养方案必须严格执行，不得随意改动。必须变动时，由专业提出申请，报主管教学副院长批准，经学校教务处审查同意	●院长 ●主管教学副院长 ●系主任 ●专业责任教师	●北方工业大学电气工程及其自动化专业 2012 版培养方案 ●北方工业大学电气工程及其自动化专业 2012 版培养方案修订工作方案 ●北方工业大学电气工程及其自动化专业 2015 版培养方案 ●北方工业大学电气工程及其自动化专业 2019 版培养方案	监控周期：4 年。 监控结果：培养方案审核通过后，执行该培养方案。 改进措施：根据发展需要，培养方案如需调整，需经过院、学校教务处的审批

（续）

教学环节	质量要求要点	监控主要责任者	监控数据	监控周期、结果与相应的改进措施
教学大纲编制	课程大纲要围绕专业培养目标和毕业要求的达成进行制定，充分体现工程教育理念，相关课程之间的关系清晰。明确规定课程的教学目的、任务；支撑的能力要求；体系结构；教学进度；教学法要求和综合评价方式。 课程大纲需定期征求学生、毕业生、用人单位评价意见，通过系里讨论制定，由系主任和主管教学副院长审批，上报教务处	●教务处 ●主管教学副院长 ●系主任 ●专业责任教师	● 2012 版本课程教学大纲 ● 2015 版本课程教学大纲	监控周期：4 年（全面修订）；不定期（部分调整）。 监控结果：教学大纲审核通过后，执行该教学大纲。 改进措施：根据发展需要，教学大纲如需调整，需经过院、学校教务处的审批。根据工程教育专业认证的核心理念，在2015 版课程教学大纲编制中，明确课程教学目标与毕业要求的对应支撑关系，明确考核点与毕业要求的对应支撑关系。在课程考核方面，针对教学目标进行考核，加强平时成绩考核
课程教学	教学大纲与教学日历内容、格式应符合学校规定要求，教学进度符合教学日历安排。 在与学校教学要求相适应的前提下优先选用国内外先进水平的教材；双语教学要优先选用国外具有代表性和先进性的原版教材。 教学内容符合教学大纲要求。教案的设计应做到重点、难点突出，详略得当，教学内容充实，信息量大。 教师应对学生进行考勤并有详细的考勤记录；在课堂教学中应有良好的听课氛围。 依据教学内容布置作业，作业量和作业形式依据课程性质、特点和教学要求而定，按时批改作业，对学生作业内容、次数、学生作业完成情况有文字记载，对每项作业都给予考核标准。 命题应符合教学大纲的要求，试题相同率符合要求，A、B 卷难度和份量相当；试题有规范的标准答案和评分标准	●授课教师 ●系主任 ●主管教学副院长 ●教学督导专家 ●教务处相关人员	●教学日历 ●教案 ●课程教材 ●讲稿或课件 ●试卷（试卷及标准答案） ●试卷分析表（成绩单等） ●学生点名册 ●作业 ●课堂练习等	监控周期：每学期检查。 监控结果：授课计划需由授课教师制定，经系主任审定和主管教学副院长审批后，方可执行。 改进措施：与培养方案及课程大纲相对应调整修订后，执行新的教学计划。授课教师根据教学效果和学生反馈，对课时安排、教学内容选择、教学手段采用、教材的选择进行调整

（续）

教学环节	质量要求要点	监控主要责任者	监控数据	监控周期、结果与相应的改进措施
备课	在接受学校下达教学任务书后，依据教学大纲，广泛吸收兄弟院校精品课程相关资料和经验总结，参照各类相关参考书，制定详细的教学进度表，确定教学内容、教学进度，合理分配教学时数，认真备课。 教师备课时要掌握授课的内容和特点，弄清主要问题的来龙去脉，领悟内容的前因后果，精心构思教学内容的先后次序和重点内容的展开和深入，做到条理分明，层次清楚，注意教学设计的层次性	●授课教师 ●系主任 ●专业责任教师	●课程教学计划 ●教学日历 ●备课笔记 ●教案	监控周期：每学期检查。 监控结果：开学初，系里对所有教师的备课情况进行检查，尤其是对新开课的备课情况进行重点检查。 改进措施：对备课环节中发现的问题，系里讨论改进
作业布置与课外辅导答疑	教学过程中应及时布置有明确目的和要求的作业，要求数量合适，内容具有典型性、代表性，要求作业批改认真、规范。 教师对待辅导与答疑的态度要端正。 认真做好辅导与答疑前的准备工作，确定辅导与答疑的对象和内容。 辅导与答疑要因材施教，形式多样，要安排具体的时间、地点	●系主任 ●授课教师 ●学生	●作业 ●辅导答疑记录	监控周期：每学期检查。 监控结果：检查作业数量和内容是否合规，教师是否在约定的时间地点等待辅导答疑。 改进措施：对通过作业和辅导答疑反馈出的学生学习问题，系里和授课教师应及时响应并加以改进

（续）

教学环节	质量要求要点	监控主要责任者	监控数据	监控周期、结果与相应的改进措施
实验教学	实验室管理和实验教学有健全的规章制度。 实验教学大纲符合培养方案规定的目标要求，能反映专业和学科的发展，注重学生基本技能和创新能力的培养，具有一定的特色。 实验项目选择科学，项目学时分配合理，应具有相当一部分比例的综合性、设计性实验，有一定的开放性实验。 有适用的、高质量的实验教材、讲义或指导书，内容及体系更新及时，能够反映课程体系和实验教学改革的成果。 实验教学文件规范齐全，教案有明确的教学目的和训练要点。 实验教学中对学生有考勤检查，有预习要求，有现场操作情况记录；对学生的实验记录和结果有审核验收程序。 学生的实验报告内容完整，主要应该包含实验预习报告，原始数据记录，数据处理，实验结论，教师批语和成绩评定等部分。测试结果及数据处理正确。 实验课前，指导教师应检查仪器设备的性能，保证实验教学顺利进行。指导教师应检查学生的实验预习报告，对没有准备的学生不应准许其做实验。 指导教师在实验课之前应认真备课，保证实验内容的正确性、完整性。指导教师要认真准备实验资料、耗材、工具等。 指导教师对实验课应认真指导，严格要求，让学生了解实验的目的、内容、方法和步骤，了解仪器的性能和使用方法。 实验过程中，指导教师必须在场巡视、指导，认真解答实验中出现的问题，并做好学生做实验的过程记录。 实验后，指导教师应认真批改每一份实验报告，并根据实验成绩评定细则、实验过程记录和实验报告给出学生实验成绩。评分标准统一、打分合理且有批改痕迹、教师签名及日期。实验课成绩评定严格执行实验教学大纲规定	●实验指导教师 ●实验中心主任 ●主管教学副院长	●实验教学大纲 ●实验指导书 ●实验教案 ●实验教学记录 ●实验成绩单 ●实验报告	监控周期：每学期检查。 监控结果：检查评价结果。 改进措施：及时发现并解决实验教学中的问题；切实加强对学生的创新精神和实践能力的培养；重视培养学生的综合能力

（续）

教学环节	质量要求要点	监控主要责任者	监控数据	监控周期、结果与相应的改进措施
专业实习	指导教师认真编写具有符合培养方案要求的实习大纲、指导书及必要的参考资料和实习计划。 实习大纲有明确的实习目的、要求、内容、形式和进程安排，内容符合专业培养计划和定位，体现知识、能力和素质的综合建设，注重能力的培养。 具有符合实习大纲要求、满足教学需要与专业对口的实习基地或实习点。通过实习，增强学生对社会的了解和对专业知识的初步应用能力。 责任教师应事先了解并熟悉实习场地的情况，实习场地的设备齐全、完备，材料准备充分，管理人员到位。 教师在指导实习过程中应对学生进行考勤，并布置作业或思考题，组织研讨活动等，还应结合学生实习情况，注意听取和收集实习单位的意见，以便于实习工作的改进。 每位学生应认真填写实习报告，真实反映实习情况。指导教师应对每份实习报告批阅。实习成绩评定严格执行实习大纲规定	●实习指导教师 ●专业责任教师 ●系主任 ●主管教学副院长 ●院督导组	●实习大纲 ●实习计划 ●实习报告 ●实习成绩单等实习相关教学存档资料	监控周期：每学期检查。 监控结果：系里和督导组评价结果；在学生中调查，现场考查，抽查学生实习报告及评阅情况，是否按计划执行。 改进措施：采取集中实习和分散实习相结合的方式，强化学生现场实践能力。督导组现场与指导教师沟通，并给予意见，教师根据督导组专家意见予以改进
课程设计	具有符合要求的课程设计教学大纲、课程设计指导书、任务书和必要的教学参考资料。 课程设计选题符合教学基本要求，难易适度，份量适当，原则上要求一组（一般3人一组）一题，且与课程有关。对于小组题目，每个学生的设计参数、指标或侧重点不同，有独立完成的部分。 指导教师通过指导、组织讨论、质疑等多种形式引导学生独立思考和解决问题，培养学生的工程实践能力与团队合作精神，并随时检查和监督学生的出勤、工作进度。 每位学生均有符合要求的课程设计说明书，课程设计说明书设计正确，思路清晰，文字通顺，内容完整，格式、装订规范。 每份设计说明书都有批阅标志。课程设计成绩评定客观、公正，评语恰当	●指导教师 ●系主任 ●主管教学副院长 ●院督导组	●课程设计大纲 ●课程设计任务书 ●课程设计 ●课程设计成绩单	监控周期：每学期检查。 监控结果：系里和督导评价是否满足课程设计任务，达到毕业要求。 改进措施：采取中期检查和答辩相结合的方式对学生的课程设计进行考核。 对课程设计内容存在的问题，学院组织专业教师讨论，改进课程设计内容和方案，对督导组发现的问题，系里与指导教师沟通，教师根据督导组专家意见予以改进

（续）

教学环节	质量要求要点	监控主要责任者	监控数据	监控周期、结果与相应的改进措施
毕业设计（论文）	具有符合满足毕业要求的毕业设计（论文）教学大纲，毕业设计（论文）选题符合教学大纲要求，结合专业方向和实际应用，每人一题，难易适度，份量适当，工作量饱满，课题类型分布合理。 有内容、格式规范的毕业设计（论文）任务及指导书，毕业设计（论文）所需要的实验设备、场地及参考资料等条件能满足教学要求。 对学生的设计（研究）过程能够定期检查，指导教师至少每周要与学生见面 2 次并当面指导，在“毕业设计（论文）周记”上记载。 毕业设计（论文）工作应注意学生动手能力和创新能力的培养和训练。 学生的工作进度符合“毕业设计（论文）附件任务书”和开题报告的要求，每位学生均有符合要求的毕业设计（论文），设计正确，思路清晰，文字通顺，内容完整，格式规范。每位学生的设计（论文）后应附一万字的英文翻译内容。 指导教师对学生毕业设计（论文）及相关附件全面审阅，对学生的文献综述、外语水平、工作态度与能力、工作质量等评价应客观、翔实，毕业设计（论文）成绩评定采取平时表现、毕业设计（论文）质量和答辩相结合的方式。 学生按一定比例抽检查重毕业设计（论文），按规定查重未通过的学生需要进行二次答辩或直接取消毕业资格，评优毕业设计（论文）查重比例高于 20% 则取消评优资格。 毕业设计（论文）答辩采用公开答辩和小组答辩相结合的形式。评优答辩应先于正常答辩进行。 要按学院统一规定，严格评分标准，规范答辩程序，做好有关记录，认真填写各种表格。 毕业设计（论文）最终总评成绩应综合考虑指导教师成绩、评阅人成绩和答辩成绩，客观、公正地进行评定，评语恰当	●指导教师 ●评阅人 ●答辩小组 ●专业责任教师 ●系主任 ●主管教学副院长 ●答辩委员会 ●校院督导组	●毕业设计（论文）大纲 ●毕业设计（论文） ●题目申报与统计表 ●毕业设计（论文）附件 ●毕业设计（论文）周记及相关资料	监控周期：一年。 监控结果：学院、系和督导组对照任务书检查学生设计进度和完成质量；查阅“毕业设计（论文）过程检查记录”；抽查学生设计（论文）是否满足要求。 改进措施：督导组现场与指导教师沟通，并给予意见； 对中期检查警告和答辩考核不通过的学生组织安排二次中期检查和集中答辩； 对毕业设计（论文）不符合要求的学生、指导教师和相关单位，应按照要求予以整改

（续）

教学环节	质量要求要点	监控主要责任者	监控数据	监控周期、结果与相应的改进措施
考试考查与监考环节	教师要以课程教学大纲为依据进行命题，既要考核学生理解和掌握基础理论、基本知识和基本技能的情况，又要考核学生对于所学知识实际应用的能力。 教师不得划范围、圈重点，或对考试内容做出任何暗示。 教师要严格按评分标准进行阅卷，考试成绩的评定要公正、客观、正确，符合实际。 教师要认真核实考试成绩，有关材料填写齐全，并及时上报。 教师要认真负责履行监考职责，不得监考缺岗，对考试违规作弊学生应记录在案	●授课教师 ●专业责任教师 ●系主任 ●主管教学副院长 ●校院督导组	●课程教学大纲 ●所有课程教学考试与考查存档资料	监控周期：每学期检查。 监控结果：所有课程的教学考试与考查存档资料，考试违纪处理结果。 改进措施：采用综合考核方式，废除“一卷成绩”的做法；对考试考核和监考过程中出现的问题以及校院督导专家给出的意见建议，应认真采纳并加以改正

课程体系设置是培养方案制订和各教学环节运行的关键部分。课程体系要能够满足本专业毕业要求达成，要正确处理基础课与专业课、必修课与选修课、理论教学与实践教学、课内教学与课外练习、知识传授与素质教育的关系。专业课程体系设置详见《2019版培养方案》。专业课程体系随着培养方案3~5年做一次修订，期间不定期进行微调。专业人才培养方案（含课程体系）按照学校统一时间部署进行修订，教务处批准发布并执行。

此外，针对课程教学大纲的制定和审查，课程教学过程监督检查以及课程考核方式和内容审查等方面内容也有完善的机制和措施。

1.3.3 课程目标达成情况评价机制

课程目标达成情况评价工作按以下四个步骤开展：

1）选择课程样本，一般以自然班为基本评价单元，以全部学生课程成绩作为评价样本；

2）根据课程与指标点的支撑关系，对课程考核内容进行指标点支撑分析，确定卷面题目、平时成绩所支撑的指标点明细，并以指标点为单位进行归类整合；

3）统计样本班级数据，计算各指标点对应考核内容的得分百分比；

4）将得分百分比与参考值（根据电气工程及其自动化专业在学校的定位，选取0.65作为达标参考值，高于普通专业的一般及格线水平0.6）进行比较，精确描述课程达成情况，并分析课程质量短板因素，制定课程持续改进措施。

1.3.4 毕业要求达成情况评价机制

电气工程及其自动化专业毕业要求达成情况评价工作组对每项毕业要求进行了分析与论证，根据课程目标、内容及基本要求确定出了支撑每个指标点的教学活动，且根据每门课程支撑毕业要求的强弱，为该门课程赋于权重值（每个毕业要求的指标点支撑课程的权重值之和为1）。

常用的毕业要求达成情况评价方法及其实施步骤见表1-2，本报告分别采用了成绩分析法和问卷调查法两个方法开展，其中成绩分析法评价主体为任课教师，通过成绩分析计算取得评价结果；问卷调查法又分为毕业生评价、用人单位评价、课程支撑评价三种方法，通过问卷的形式取得评价结果。电气工程及其自动化专业从毕业生评价、用人单位评价、课程支撑评价、课程成绩评价四个维度进行毕业达成情况综合评价，得出毕业要求达成情况的基本结论。

表1-2 常用的毕业要求达成情况评价方法及其实施步骤

序号	达成情况评价方法	实施步骤
1	试卷课程考核成绩分析法	（1）数据来源：课程考试成绩； （2）数据合理性的确认； （3）评价规则与过程：①支撑指标点的教学活动赋权重值；②确认评价依据的合理性；③教学活动达成情况评价；④毕业要求达成情况的评价。 与专业直接相关的技术性指标，适宜采用此方法进行评价
2	非试卷课程考核分析法	（1）数据来源：实验报告、设计报告、结课论文、作业以及课堂表现； （2）数据合理性的确认； （3）评价规则与过程：①制定评分表；②依据评分表进行评价；③根据各个教学活动评价结果加权算出毕业要求达成情况评价结果 对于团队合作、沟通、工程职业道德等非技术性指标，适宜采用此方法进行评价
3	问卷调查评价法	（1）数据来源：问卷调查（调查对象包括：用人单位调查、毕业生调查、应届毕业生调查等）； （2）数据合理性的确认； （3）评价规则与过程：①制定调查问卷；②确定调查对象；③发收调查问卷；④毕业要求达成情况的评价。 此方法可作为前两种方法的补充

采用成绩分析法计算非考试课程对应的毕业要求达成情况，具体计算过程如下：

1）选择课程样本，一般以自然班为基本评价单元，以全部学生课程成绩作为评价样本；

2）明确课程教学大纲内的课程目标所对应的毕业要求支撑指标点，设置课程考核点及其分值；

3）根据课程与指标点的支撑关系，对课程考核点进行指标点支撑分析，并以指标点为单位进行归类整合；

4）根据论文、报告、答辩和平时表现等评价学生在该课程考核点上的成绩，给出量化分数，统计计算出平均得分，即“确认值”；

5）将各毕业要求指标点对应的课程“确认值”以其权重系数加权求和，得到指标点达成情况评价值；

6）对指标点达成情况评价值求和，得到本年度毕业要求达成情况评价值；

7）选取评价周期内达成情况评价较小值为最终评价值；

8）将毕业要求达成情况评价值与达标参考值（根据电气工程及其自动化专业在学校的定位，选取 0.65 作为达标参考值，高于普通专业的一般及格线水平 0.6）进行比较，得出评价结论，并以此为依据形成持续改进措施。

1.3.5 评学调查表

评学调查表可有助于学校加强对教学工作的规范化管理，提高教学质量，评价内容见表 1-3。

表 1-3 评学调查表

调查项目		调查内容	A	B	C	D	E
A：非常符合 B：较为符合 C：基本符合 D：不太符合 E：不符合							
评学	目标是否明确（10分）	老师能够用适当的方式明确说明本实验与相关理论课堂，或者电气工程及其自动化专业毕业要求的关系，我能够理解					
	内容与课程目标的对应关系（10分）	实验开始之前，我能够了解本次实验课在这门课中的地位和价值。老师提供预习的相关资料或要求，我可以顺利获得					
	课程内容与目标关联性（20分）	老师的讲解和指导能够有效帮助我完成实验，达到学习目标					
	教学方法是否能够保证课程目标的实现（20分）	实验相关课内外学习活动能够帮助我提高本课程实验的学习效果（包括预习、讨论、实验报告、思考题、教师评价反馈等）					
	因材施教和兴趣激发（10分）	老师在课堂上能够关注到我的具体需求，能耐心地回答我提出的问题。老师的指导和启发对我完成实验和深入学习有明显的帮助和启发					
	实践能力和相关知识收获（20分）	通过实验课，我觉得自己在相关领域的专业实践能力和知识理解能力有明显提高					
	非技术因素能力收获（10分）	通过本课程实验，我在工程问题的认知理解、工程（行业）规范的了解和执行，相关专业领域的沟通交流、团队合作、自主学习能力等方面有明显提高					

第2章 电气类专业实习实践课程建设

2.1 评价—反馈—改进闭环机制

2.1.1 基于产出导向的持续改进机制

电气工程及其自动化专业的教学质量监控闭环系统和教学质量保障体系如图2-1所示。该教学质量保障体系对推进教学建设、提高教学质量起到了重要作用。对各主要教学环节（课堂教学、实验教学、实习教学、课程设计、毕业设计等）都有明确的质量要求，通过课程教学和评价方法促进毕业要求的达成。

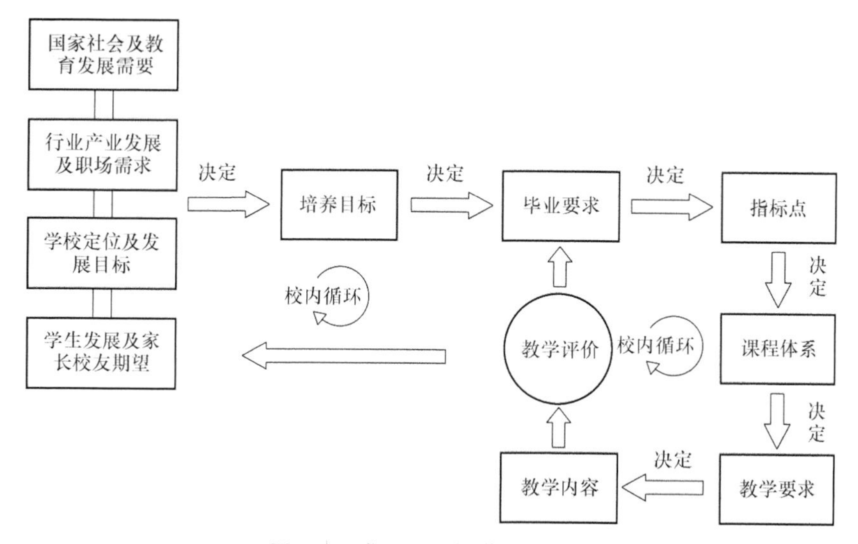

图2-1 成果导向教学设计流程

根据毕业要求达成情况分析结果、课程质量评价结果，对课程体系和教学环节进行了持续改进，实践环节的效果评价及改进结果见表2-1。

表 2-1　实践环节持续改进效果评价及改进结果表

环节名称	改进依据（评价结果）	改进措施与效果
实验教学环节	实验场地有限，个别实验室的实验设备与台（套）数不足，实验指导与课堂教学存在脱节现象。 实验过程的评价材料有所欠缺，学生预习准备不充分，实验成绩的评定还不够细化，实验报告成绩的区分度不够，实验教学环节的设计有待深入探讨。 学生实践动手能力尚需加强，自主设计能力和创新意识不强	加大实验室建设力度，配齐配够并更新实验设备与仪器，改进实验教学方法，实行授课教师与实验指导教师互相听课制度，保证课堂教学与课内实验无缝对接，目前实验设备台（套）数可满足电气专业学生实验需求且实验教学内容与理论教学内容保持一致。 强化实验过程考核与质疑，保证学生对所做实验“是什么、怎么做和为什么”做到心中有数，强化学生实验的综合与设计能力的培养，如电力电子技术综合实验，从仿真到实验、从焊接到调试、从原理到功能，学生都需要一一动手实践完成并接受教师质疑，使所有学生都能得到实践动手能力的培养。 以电气工程及其自动化专业历年参加全国大学生电子设计竞赛、机器人竞赛等为基础，动员学生全面参与各种实践活动和科技竞赛，培养学生的创新意识，让更多的学生获得实践实训的机会，提高学生的自主实践能力
实习环节	实习环节普遍流于形式，实习基地较少，自主实习动力不足，效果不佳。 实习内容未能对所学专业知识进行有效补充	大力扩展校外实习基地建设，通过学校“实培计划”加强学校专业与企业的交流合作，邀请校外实习基地的技术人员配合专业指导教师担任实习指导工作，通过校企合作共建基地，为学生实习实践提供方便，通过参观燕京啤酒厂生产线、北京现代汽车流水线、官厅风电场等认识实习，开阔学生视野，建立对实际工业生产的感性认识，理解电气工程及其自动化专业所学知识的重要性。 通过在森源东标电气有限公司等公司生产实习，加深学生对所学知识的应用理解
课程设计环节	建议加强课程设计过程管理，过程考核材料不够规范	加强课程设计环节的过程管理，课程设计一般都在教学周分散进行，因此过程管理尤为重要，从开始阶段的任务布置到中期考核，再到结束阶段的答辩质疑，教师都应积极主动参与其中，课程设计起始的任务布置均一组（一般 3 人一组）一题，任务明确，安排合理，使学生有信心、有动力投入进去完成各自的任务工作，并提升自己的团队合作能力。 中期考核中要对每名学生所做工作，如供用电系统课程设计的短路电流计算、一次设备选型、部分图纸等进行检查，教师要及时指出不合格不规范的地方并告知学生如何通过查阅文献资料解决问题。 结束阶段的答辩质疑过程，教师要严格把关，对于有问题的学生应督促他反复修改完善设计结果，使学生真正意义上了解课程设计目的，掌握课程设计内容

（续）

环节名称	改进依据（评价结果）	改进措施与效果
毕业设计环节	周记没有充分发挥中间考核的作用，指导教师应对论文质量严格把控，避免出现雷同等问题，严把开题、中期检查和毕业答辩各环节，加强指导教师对学生的指导力度。 加强毕业设计（论文）题目与实际生产、工程实践的联系	毕业设计（论文）是体现学生四年学习成果的重要环节，也是体现工程教育认证毕业要求达成的重要指标。通过评价反馈，从选题、过程指导与毕业答辩等环节进行了持续改进并取得了较好的效果。 针对毕业设计（论文）雷同现象，学校和学院按照《北方工业大学本科生毕业设计（论文）查重及处理办法（试行）》规定对本科生毕业设计（论文）的重复率进行检测并按规定对未通过查重的学生进行处理。查重抽查按照学校和学院抽查，系里全面普查进行。 对于过程指导和毕业答辩环节，通过校院教学督导专家对开题答辩、中期答辩、附件（包含任务书、中期检查记录、答辩申请记录、验收记录、答辩记录等）、验收、毕业答辩等进行进度和质量检查，发现问题及时提出并反馈给院系和指导教师加以改进，确保毕业设计（论文）质量。 针对毕业设计（论文）密切联系实际生产、工程实践的需要，学院重视并加强了企业专家与工程技术人员参与指导毕业设计（论文），并且学生可以带着毕业设计（论文）在企业完成，答辩时可以通过实际工作或实验的视频以证明毕业设计（论文）完成过程，此外也鼓励学生通过创新创业实践完成毕业设计（论文）。 在近年的毕业设计（论文）中，由于工程教育认证理念的引入，综合考虑了电气工程学科领域与环境可持续发展的关系，社会、安全、工程伦理、法律文化等方面的影响和经济评价也越来越多地在毕业设计（论文）有所体现

2.1.2 评价—反馈—改进的工作闭环

评价的要素包括：评价什么、评价标准、谁来评价、评价方法、评价周期与评价结果使用。在评价时，面对不同对象应使用不同的有效评价方法，在恰当的周期予以评价，其中需持续改进的核心是评价，应当围绕毕业要求达成。PDCA闭环与关键环节的关系见表2-2。

表 2-2　PDCA 闭环与关键环节的关系

过程		内容	机制
P	计划	培养目标 毕业要求 课程体系及课程目标	分析、决策机制
D	实施	教师 - 学生 教学方式方法 教学条件	教学过程质量监控机制 定期评价机制 激励与约束机制
C	评价	培养目标达成情况 毕业目标达成情况 课程目标达成情况	教学过程质量监控机制 毕业要求达成评价机制 毕业生跟踪反馈机制 社会评价机制
A	改进	信息分析整理归纳 改进的分析决策 改进的程序与方法、措施	决策机制 改进机制

2.2　实习实践课程规划与建设

2.2.1　专业培养目标与社会经济发展需要

电气工程是国民经济的支柱。电气工程及其自动化是一个综合性宽口径专业，在电力装备、能源利用、工业和民用等科技领域有着广泛的应用，涉及电力电子技术、电机电器技术、电力系统技术、自动控制技术、信息与网络控制技术等诸多领域，是一门综合性较强的学科，其主要特点是强弱电结合、软硬件结合、电工技术与电子技术相结合、元件与系统相结合。

电气工程及其自动化专业的发展与电力生产、输送、分配和使用密不可分。电力是发展生产和提高人类生活水平的重要物质基础。同时，电力的应用也在不断深化和发展，是国民经济和人民生活现代化水平的重要标志。就目前国际国内水平而言，在今后相当长的时期内，电力的需求将不断增长，社会对电气工程及其自动化技术人才的需求量呈上升态势。有数据显示，到 2025 年，我国电力装备、新一代信息技术产业、高档数控机床和机器人、新材料将成为人才缺口中较大的几个专业，电力装备的人才缺口也将达到 900 多万人。这一缺口产生的主要原因在于工程人才“供”与“需”之间的不匹配，传统的工程教育没有适应新科技革命发展的趋势和企业发展的需求，工程教育必须寻求培养方式的转变。

政府有关部门提出把知识密集度高、引领带动作用强、发展潜力大、综合效益好的节能与新能源汽车、电力装备、高端装备制造等产业，作为现阶段战略性新兴产业的重点加以推进。未来很长一段时间我国工业和信息化领域产业技术创新的主要任务是围绕原材料、装备、信息产业等重点领域，其中涉及大量电气工程及其自动化领域的技术，对提高产业的核心竞争力和持续发展能力意义重大。

2022 年是北京市加快构建现代化首都都市圈、深入推进京津冀协同发展的重要一年。北京市发展和改革委员会发布《北京市推进京津冀协同发展 2022 工作要点》，北京市持续加强与天津、河北两省市的协同联动，推动河北雄安新区和北京城市副中心“两翼”联动发展，加快构建现代化首都都市圈，带动交通、生态、产业、公共服务等重点领域取得积极成效。2023 年，北京市科委、中关村管委会会同市发展改革委、市经济和信息化局、市教委、市委网信办五部门联合印发了《北京市创新联合体组建工作指引》（以下简称《工作指引》）。《工作指引》旨在探索企业主导的产学研深度融合新范式，瞄准重大需求，强化企业科技创新主体地位，高效配置科技力量和创新资源，支持组建一批领军企业牵头、高校院所支撑、各创新主体相互协同的创新联合体，面向高精尖产业需求开展关键核心技术、基础前沿技术联合攻关。由此可见，国家经济创新发展与京津冀协同发展对电气工程专业人才提出了迫切需求。

北方工业大学是北京市属院校，据统计 2015 ~ 2017 届电气工程及其自动化专业毕业生就业比较集中的地区是北京市，约占 48% 以上，这说明电气工程及其自动化专业有效支持了北京市的经济发展。

总体而言，电气工程及其自动化技术在国家经济社会和北京市经济发展中都起着重要作用，社会对专业人才有着旺盛需求。

2.2.2 培养目标与实习实践课程规划

电气工程及其自动化专业 2019 版培养计划中的总体培养目标如下：

（1）培养定位

电气工程及其自动化专业致力于培养适应社会与经济发展的电气工程领域高素质应用型工程技术人才，能从事电气工程研究、产品设计与开发、设备运行与维护、技术服务与项目管理等工作。

（2）培养目标

电气工程及其自动化专业学生毕业 5 年左右，具有以下职业能力：

1）目标 1：具有在全球技术、经济、法律、伦理、环境和社会等背景下，围绕节能装备制造与电力需求，综合考虑复杂工程解决方案的能力。

2）目标 2：能够跟踪并适应工程发展和技术前沿，能够运用现代工具，提出新方法，解决工程中的新问题。

3）目标 3：尊重社会价值，具备社会责任感，遵守职业道德规范，遵循工程伦理道德。

4）目标 4：具备健康的身心和人文科学素养，能够建立、维持和加强高效的工作关系，并能解决冲突。

5）目标 5：具有全球化意识和国际视野，能够适应不断变化的国内外形势和环境，具有终身的学习习惯和能力。

（3）专业培养目标与学校定位、专业人才培养定位、社会需要的关系

1）专业培养目标与学校定位的关系。电气工程及其自动化专业根据学校的整体办学思路、定位和发展规划，进行专业建设。基于学校的人才培养定位，电气工程及其自动化专业在办学过程中坚持特色办学的发展理念，立足北京，服务北京，面向全国，致力于培养适应社会与经济发展所需要的电气工程领域高级应用型工程师，能从事电气工程研究、产品设计与开发、设备运行与维护、技术服务与项目管理等工作。

2）专业培养目标与专业人才培养定位的关系。据调研，电气工程及其自动化专业毕业生主要在电力、热力、燃气及水生产和供应行业等相关企业从事电气类管理、生产、研发等方面的工作，具有社会适应能力强、工程实践能力强、工作适应性强的特色。学生在毕业 5 年左右，经过自身努力和工作锻炼，达到工程师的专业能力，成为所在单位的技术骨干，部分优秀毕业生能走上企业中高级管理岗位。

基于此，电气工程及其自动化专业的人才培养定位是“致力于培养适应社会与经济发展的电气工程领域高级应用型工程师，能从事电气工程研究、产品设计与开发、设备运行与维护、技术服务与项目管理等工作”。

2.2.3 实习实践课程基地建设

实习是为了促使学生深入了解和接触专业工程生产实践的必要培养环节，也是熟悉工业生产环境和流程的有效方式。为了能为学生提供稳定持续的专业实习场所，电气工程及其自动化专业与多个校外企业合作建立分层分流校外人才培养基地。该基地从 2006 年开始建设，2010 年被遴选为北京市级校外人才培养基地。基地有多家合作企业，各有所长，覆盖学生不同技术能力和职业发展方向。申报合作企业有三家：北京天华博实电气股份有限公司（现更名为北京森源东标电气有限公司）、北京浩普华清电气技术有限公司、中科创新园科技有限公司。后又新增德瑞视（北京）科技发展有限公司、北京兆维集团自服部等数家合作企业，大多与学校签署了“产学研合作协议书”。

（1）北京森源东标电气有限公司

北京森源东标电气有限公司是在原北京整流器厂（国营 500 强企业）基础上改制重组的高新技术企业，公司全权拥有原北京整流器厂产品研制、生产、销售等有形和无形资产。总部设在北京中关村高科技园石景山园区，总建筑面积 23000m^2。

主要技术领域：公司具有三十年大功率交直流传动装置设计、制造和应用历史。形成了以东标变频器、功率因数动态无功补偿、节能减排系列产品的研发、设计、制造、销售为一体的现代化高科技企业。其产品和应用领域主要有：生产 380V、690V、1140V、1600V 四个电压等级，标量、矢量两种控制方式的变频器、逆变器产

品。三电平中压变频器达到国际先进水平。产品广泛应用于钢铁自动化、风力发电逆变并网、风机、水泵、环保污水处理、纺织印染机械、重工机械、数控机床、化工机械、石油工业、煤矿提升机和皮带机等多个控制领域。公司在中低压大功率变频、功率因数动态补偿方面取得了重大的突破，达到了同行业先进水平。其中，中低压大功率变频及相关的能量回馈技术填补了国内的空白。公司获得了2009年中国电气行业十大潜力品牌称号。企业下属控股子公司有：全资拥有北京东标电子有限公司（中关村高新技术企业）。

（2）北京西电华清科技有限公司（原北京浩普华清电气技术有限公司）

北京西电华清科技有限公司是以清华大学教授和加拿大归国博士后为首的清华大学技术团队成立的高科技公司，是北京市高新技术企业。公司位于北京市海淀区中关村科技园内，公司具有一支由博士、高级工程师、工程师组成的经验丰富、科研力量雄厚的技术队伍和管理队伍。

主要技术和产品：主要从事高低压变频器、矿用变频器、电气传动系统的研发、生产和销售等工作。HPMV系列高压变频调速装置通过了国家电控配电设备质量监督检验中心、天津发配电及电控设备检测所的型式试验和中国电力科学院研究院输配电及节电技术国家工程研究中心的谐波测试。ZJT系列矿用隔爆兼本质安全型变频调速装置通过了煤炭科学研究总院上海分院测试中心的电气防爆检验站的测试，并取得了防爆证及煤安证。产品技术处于国内领先，并进入同类产品国际先进行列。

（3）大唐仪表所

自1992年第一条SMT生产线建成至今，从事电子装连加工业务已经二十余载。拥有6000m^2净化厂房，作业区全部防静电化，五条国际先进SMT生产线，齐备的辅助生产及检验设备。拥有260名员工，其中有经验丰富的生产工艺工程师，熟练的一线生产员工及专业的测试人员。主要为航天、军工、医疗及通信等行业客户提供加工服务。

主营业务：

1）PCB焊接及整机组装、调测与维修；

2）元器件、PCB、网板代购及物料托管；

3）PCB可制造性设计的咨询及指导；

4）结构件的设计与制造；

5）X-RAY透视检测；

6）POP三维堆叠贴装；

7）各种元器件的手工返修，波峰焊接及压接；

8）BGA、CSP（最小0.36mm间距）的拆卸、植球、焊接、飞线。

（4）北京巴龙机电科技有限公司

北京巴龙机电科技有限公司成立于1994年，是北京市中关村科技园区的高新技术企业，专业进行工业线束、工控系统、建筑电气的设计制造以及电气联接产品代理等业务。经过多年的努力，巴龙已经成为能够提供相关业务的完全解决方案的制造商，业务领域涉及电力、工业自动化、轨道交通、风能产业、光动能产业以及房地产等行业，为客户提供更广泛的具有竞争力的产品与服务。工业线束：巴龙具有高度专业的线束生产能力，从产品设计、物料集成、零件制造、产品装配、运输及售后服务等方面，均积累了良好的技术和丰富的经验，可以根据客户的不同需求进行专业定制服务，既可满足批量订货，也可满足客户少量多样化的需求。工控系统：巴龙承接的大量自动化控制系统应用在航天、风力发电、环境保护、电力、冶金、工业自动化、轨道交通以及医疗等行业和领域，都取得了良好的业绩和用户的好评。此外，巴龙经过多年积累，学习掌握了大量国际、国内先进的电控行业的工艺技术，积累了丰富的电控产品生产管理经验，已成为 ABB、施耐德、罗克韦尔等国际知名电气自动化企业的 OEM 制造商。建筑电气：依据线束生产及电控产品的成熟工艺和经验，巴龙于 2009 年开始进入建筑电气行业，取得了长足进步，并建立了一支高度专业的技术、生产及售后服务团队，致力于为业主提供优质的产品和服务。电气联接：巴龙公司自 1996 年开始分销德国魏德米勒电气联接产品，目前是其在国内的分销商。魏德米勒公司是全球电气联接技术产品应用领域的制造商，产品包括：全系列接线端子、工具、重载接插件、电子产品、PCB 接线端子与接插件产品等。公司通过了 ISO9001 : 2015 质量管理体系认证，ISO14001 : 2015 环境管理体系认证和 ISO28001 : 2001 职业健康安全管理体系认证，也通过了 ABB、施耐德和罗克韦尔的质量和物流体系审核。

（5）珞石（北京）科技有限公司

珞石（北京）科技有限公司于 2014 年 12 月 15 日在海淀分局登记成立，是一家以技术开发、技术推广、技术转让、技术咨询、技术服务等为主营业务的企业。珞石机器人（ROKAE）为轻型机器人专家，公司专注于轻型工业机器人、柔性协作机器人及智能制造技术的研发与创新，赋能汽车零部件、3C 电子、精密加工、医疗、商业等行业客户实现智能化转型升级，在多个垂直领域应用中保持国内遥遥领先水平，业务遍布德、法、俄、日、韩等全球十多个国家 。

依托公司自主研发的高性能控制系统，具有全球技术前沿的核心性能参数，完整且先进的产品矩阵，领先业界的商业落地规模，珞石机器人已在国产机器人行业中做到领先水平。公司总部及研发中心位于北京，研发人员 90% 以上为硕士研究生及以上学历，多数来自清华、北大、北航、浙大等著名高校，拥有丰富的机器人研发经验，在国内拥有华北、华东、华南三大区域公司。已获得梅花创投、德联资本、清控银杏、顺为资本、襄禾资本、深创投等顶级资本机构的支持，长期保持国内机器人创业企业中估值及融资额领先水平。凭借领先的技术创新和行业经验，珞石机器人摆脱国外技术依赖，迄今为止已取得国内外研发专利及科技大奖 100 余项。

（6）北京宏光星宇科技发展有限公司

北京宏光星宇科技发展有限公司是一家集研发、生产、销售为一体的高新科技企业。公司拥有经验丰富的电子产品设计工程师和高素质的生产调试工人，以及精良完善的售后服务队伍。公司已通过ISO9001质量管理体系认证，整个研发、生产、销售过程严格按照该体系执行。公司把“产品质量、售后服务”作为发展的根本，承诺为用户提供高性价比的产品和高质量的售后服务。

其产品主要包括两部分，电源系列：通信电源、远供电源、各种非标定制电源等；蓄电池产品维护系列：蓄电池内阻测试仪（仪表）、各种容量的蓄电池在线监测仪等。

（7）北京宏志国际科技有限公司

北京宏志国际科技有限公司是数据中心关键物理设施解决方案提供商，主营范围包含机房（数据中心）建设（咨询、规划、设计、建设、维保），整体机房系统、空调制冷系统、配电解决方案、安全和环境监控、多品牌联合维保服务。

公司核心业务部门成立于1995年，2014年在北京望京地区购置新办公区域，注册“北京宏志国际科技有限公司”。公司始终坚持“以人为本、敬业进取、周全服务、诚久取信”的宗旨，并将“做专业的关键电源行家，做睿智的电气管家，做绿色的智能专家”作为运营理念。并且为大型电源系统方案设计、关键电源设备供应和服务、数据中心等提供整体的、专业可靠的解决方案，在国内相关产业名列前茅。专业的领导团队、员工及团队配置，先进的经营理念及优质的企业文化正悄然无息地推动着北京宏志国际科技有限公司稳步前进。

宏志国际注重创新研发，公司拥有9项专利技术，软件著作权15项，85%以上职工为本科及以上学历，在2017年就已获得国家高新企业认证。公司业务涉及气象行业、高速公路系统、铁路和轨道交通系统、航空航天、水力发电酒店、楼宇、银行等国家支柱命脉产业及基础设施建设，并且在各领域有非常良好的口碑和持续性增长。

2.3 实习实践课程设计

2.3.1 课程设计

工程教育专业认证标准要求电气工程及其自动化专业工程实践与毕业设计（论文）环节所占总学分的比例至少20%。电气工程及其自动化专业工程实践和毕业设计（论文）必修实践环节或实践课的最低学分为44，占总学分的百分比为26.67%，满足工程教育专业认证标准的20%要求。电气工程及其自动化专业工程实践教学体系课程设置情况见表2-3。

表 2-3　工程实践与毕业设计（论文）实践教学体系表

课程模块	课程类别	课程属性	课程编码	课程名称	学分	学时	周数	开课学期	备注
独立实践课程	通识教育实践课程	必修	7104501	形势与政策	2	64		特殊	分散进行
			7089611	思想政治课实践环节	2		2	特殊	
			7019601	第二课堂	2		4	特殊	分散进行
			7081501	社会实践	2		4	特殊	分散进行
			7064021	军事技能	2		3	短 1	
			7035201	公益劳动	0.5	32		特殊	分散进行
			7004901	安全教育	0.5		1	特殊	分散进行
			7260031	创新实践	2			特殊	分散进行
			小 计		13	96	14		
		选修		创业实践	4				
			小计		4				
		通识教育实践必修课程需修读 13 学分							
	专业教育实践课程	必修	7098611	物理实验Ⅰ（1）	1	32		2	
			7098612	物理实验Ⅰ（2）	1	32		3	
			新增	电路分析实验Ⅲ	1	32		2	
			新增	数字电子技术实验	0.5	16		4	
			新增	模拟电子技术实验	0.5	16		3	
			新增	现代电力电子技术综合实验	2	64		7	
			新增	交直流调速系统综合实验	2	64		短三	
			7196611	工程实训	1		1	短一	
			7254911	认识实习	1		1	短一	
			7061401	金工实习Ⅱ	2		2	3	
			7248801	电气生产实习	2		2	短三	
			新增	毕业设计（电气）	12		16	8	外文资料翻译（10000 字符以上）
			小 计		26	256	22		

（续）

课程模块	课程类别	课程属性	课程编码	课程名称	学分	学时	周数	开课学期	备注
独立实践课程	专业教育实践课程	选修	7213111	电子线路 CAD	1	32		短二	
			新增	数字电子技术课程设计	1	32		短二	
			7014701	程序设计实践Ⅰ	1	32		短一	
			新增	电气控制系统综合设计	1	32		7	
			7218601	供用电系统综合设计	1	32		7	
			7272801	电力系统分析上机实践	1	32		6	
			新增	电力电子装置产品化设计讲座	1	32		7	
			小计		7	224			
		专业教育实践必修课程需修读 26 学分，专业教育实践选修课程需修读 5 学分							

工程教育专业认证补充标准规定实践环节需涵盖金工实习、电子工艺实习、各类课程设计与综合实验、工程认识实习、专业实习（实践）等。电气工程及其自动化专业实践环节设置有“金工实习Ⅱ”“数字电子技术课程设计”“现代电力电子技术综合实验”“交直流调速系统综合实验”“认识实习”“电气生产实习”“工程实训”等实践类课程，满足专业补充标准要求。电气工程及其自动化专业现行 2019 版培养方案中教学实践环节学期安排如图 2-2 所示。

为落实学校确立的以提高学生工程实践能力、工程设计能力、就业能力与科技创新创业能力培养为核心的实践教学理念，在工程实践与毕业设计（论文）的教学中，设置了完善的实践教学体系，并与企业合作，开展实习、综合实验等，培养学生的实践能力和创新能力。同时，毕业设计（论文）选题也结合了电气工程及其自动化专业的工程实际问题，能够培养学生的工程意识、协作精神，以及综合应用所学知识解决实际复杂电气工程问题的能力。在综合实验和毕业设计（论文）的指导和考核环节邀请了企业与行业专家广泛参与。由于以上实践环节为课程体系中的必修环节，电气工程及其自动化专业学生需修满实践环节最低 44 学分方可毕业。

根据电气工程及其自动化专业毕业要求与课程设置，学生在校期间必须完成认识实习和电气生产实习两个实践环节。各实习环节的内容要求、教学方式、时间及学分要求、考核与成绩评定方式等基本情况见表 2-4。

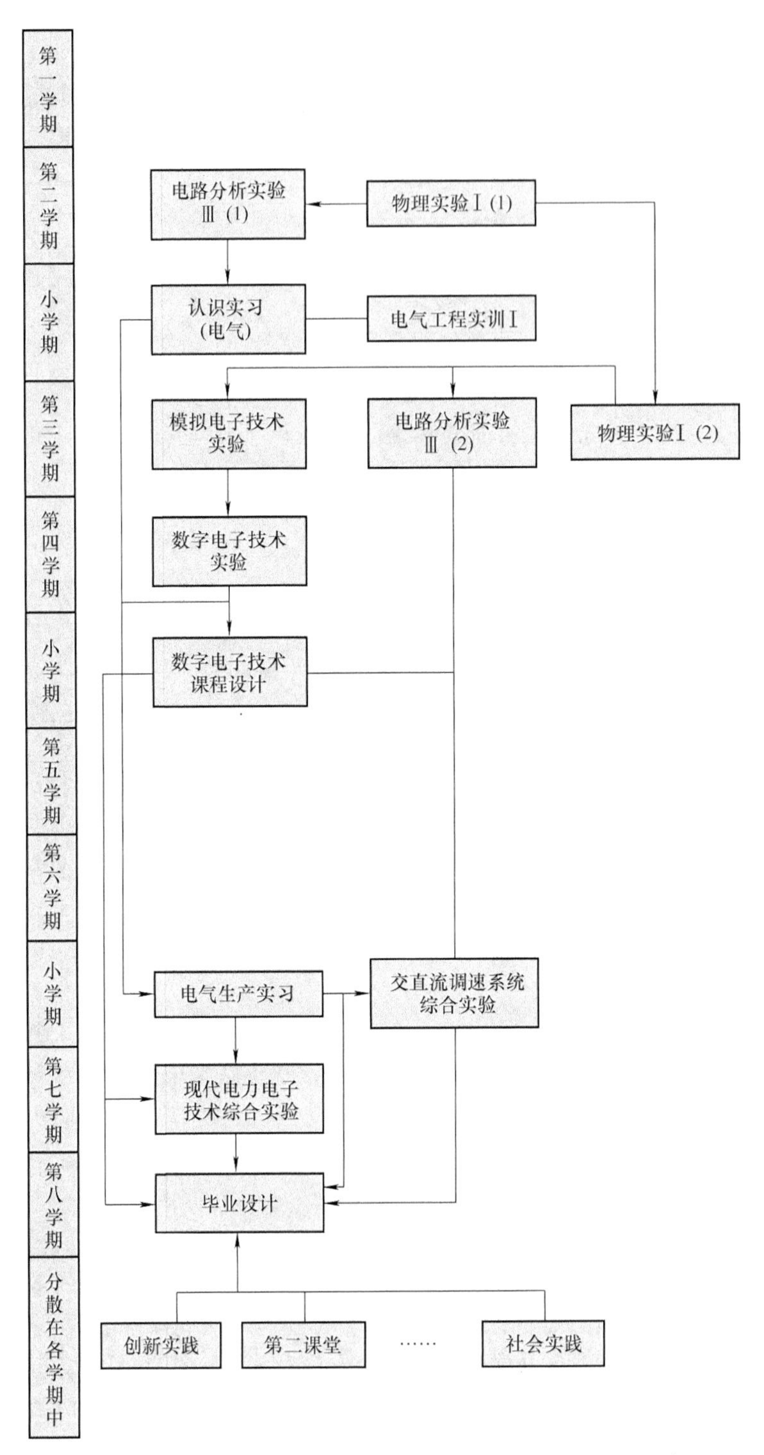

图 2-2　电气工程及其自动化专业实践环节学习先后顺序示意图

表 2-4　电气工程及其自动化专业各实习环节基本情况表

实习类别	内容要求与教学方式	时间及学分要求	考核与成绩判定方式	形成的结果和达成指标点
认识实习	认识实习过程中要进行：实习动员，特别着重进行外出和实习的安全教育及纪律教育；下厂实习参观，分组边参观边讲解。指导教师要负责安全和纪律的监督；科技讲座，结合电气领域相关技术发展状况	1 周，1 学分	实习表现占 60%，实习报告占 40%	实习报告，达成毕业要求 6-1，6-2，7-1，7-2，8-2，10-2
电气生产实习	熟悉 1～2 个有关电气设备的生产工艺、电气控制的主导思想及工作原理；掌握重点单元的设计思路、调试方法；掌握一些仿真工具的原理和使用；掌握一些电气设备的工作原理、构成、生产过程、安装调试方法、设计方法，熟悉这些设备故障的检测和维修方法；有针对性地完成一个电气设备的电气原理图的读图	2 周，2 学分	实习报告（40%）、日志、出勤、质疑和实习鉴定（60%）	实习报告，达成毕业要求 6-1，6-2，7-1，7-2，8-2，10-2

根据《毕业论文（设计）教学大纲》的要求，电气工程及其自动化专业学生毕业设计（论文）需综合运用基础课、专业基础课和专业课相关知识，解决一个与电气工程及其自动化专业相关领域的实际问题或完成一定的设计、开发任务，课题来源于企业的实际工程项目或教师的科研项目，主要分为三大类：工程设计、工程研究和其他。以 2021～2022 年为例，电气工程及其自动化专业毕业设计（论文）分类情况见表 2-5，由表可知涉及工程实际问题（工程设计）的课题占总数百分比分别为 60.00%、71.00%，这充分说明电气工程及其自动化专业毕业设计实践环节注重培养学生的工程意识，使学生能够综合应用所学知识解决复杂工程问题。

表 2-5　近年毕业设计（论文）分类情况汇总表

类别	分类基本描述	对该类论文内容的基本要求	该类论文所占比例（%）	
			2021 学年	2022 学年
工程设计	电源、变换器等设计	主电路原理图、参数计算、相关设计说明书、硬件设计还需 PCB 板图和设计实物及调试等	60.00	71.00
理论研究	电气学科基础理论	电路理论、电磁场理论、电磁计量理论等	31.30	27.60
其他	1. 编制计算机仿真软件 2. 工程实验软件程序 3. 对电气工程某学术前沿问题进行研究 4. 不包含上述类的其他课题	1. 系统参数计算、仿真模型、仿真实验及分析； 2. 编写程序的流程图、编制的源程序、编制程序调试等； 3. 对国内外研究现状进行分析、用该领域涉及的相关基本理论和方法进行分析推导等； 4. 应包含毕业设计教学大纲基本要求	8.70	1.40

2.3.2 毕业设计（论文）的质量控制机制

电气工程及其自动化专业毕业设计安排在第 8 学期，历时 17 周，其中设计时间为 16 周。

（1）第 1 ~ 2 周

开题。学生撰写开题报告或开题综述，指导教师要帮助学生进一步明确自己的毕业设计（论文）的目的、要求和任务，制定出合理的方案。

（2）第 3 ~ 4 周

各系组织开题答辩工作。学院应提前一周将各系“开题答辩安排一览表”交教务处，教务处组织专家随机抽查。开题不合格者需重新开题。

（3）第 5 周

学院将“毕业设计（论文）题目报表”汇总后交教务处。

（4）第 8 ~ 10 周

中期检查。由学院组织系里进行中期检查。学生每人宣讲毕业设计（论文）进展情况，并对学生考勤、纪律及进度进行检查。指导教师负责将检查结果填入附件“毕业设计（论文）中期检查表”中。教务处组织专家随机抽查。

（5）第 15 ~ 16 周

学生完成毕业设计（论文），将毕业设计说明书或论文统一封面，装订成册。各系组织进行毕业设计（论文）答辩资格审核。指导教师和评阅人完成对所负责的毕业设计（论文）的评阅。学院成立答辩委员会、答辩小组。将“毕业设计（论文）答辩安排一览表”交教务处。

（6）第 17 周

答辩及成绩评定。答辩工作由学院和系组织进行，评优的毕业设计（论文）要组织公开答辩，教务处组织专家随机检查。

（7）期末

各学院将“毕业设计（论文）工作总结”教务处。毕业设计（论文）档案由各系汇总整理后交教务处查收，再由教务处转档案室归档。

（8）二次答辩结束后

二次（延期）答辩由各系自行安排在小学期内进行，下学期正式开学前必须完成。

（9）毕业设计（论文）成绩评定标准

毕业设计（论文）成绩主要根据课题的进展情况、成果，由指导教师、评阅教师、答辩小组综合评定，各自的权重系数分别为 0.5、0.2、0.3。指导教师根据课题的进展情况、平时表现、成果写出评语并给出成绩；评阅人要认真评审毕业设计（论文）、写出评语并给出成绩；答辩小组根据答辩情况对设计成果进行验收，讨论、核定后给出答辩成绩。

毕业设计（论文）的成绩按百分制[优秀:（90～100分），良好:（80～89分），中等:（70～79分），及格:（60～69分），不及格:（60分以下）]进行综合评定。

总成绩＝0.5×指导教师评定成绩＋0.2×评阅人评定成绩＋0.3×答辩成绩。

优秀论文的评定采取单独答辩的方式，参加评优的同学，需提前申请并经导师同意后方能参加评优答辩。

第3章
电气类专业生产实习教学设计与评学机制

3.1 生产实习的能力培养要求与课程目标

3.1.1 生产实习课程简介

电气类专业生产实习是电气工程及其自动化、新能源科学与工程专业教学计划中重要的实践性教学环节，分为校内生产实习、校外实习基地实习、自主实习三种形式，课程性质为专业教育实践课程必修课，安排在短学期集中进行。本课程培养学生综合运用基本理论、专业知识进行基本技能训练，提高分析与解决实际问题的能力，具体培养能力如下：

1）综合运用知识能力：将所学的知识、技能与实践相结合，对实际问题进行分析、解决、总结；

2）识图与绘图能力：能够读懂常见的电气控制图和电气工程图，可以利用专业课程知识绘制简单电路图，能对简单功能的小系统进行设计；

3）测试与调试能力：通过实践掌握部分仪器仪表与控制设备的使用、系统调试及实验数据的测试、采集与分析；

4）计算机应用能力：能熟练使用实际电气工程和控制系统设计中常用的工具软件及系统开发软件，例如 Protel、CAD、PLC 等软件；

5）系统仿真能力：了解系统组态和仿真方法，较为完整的熟悉一些控制系统仿真软件的使用；

6）创新能力：鼓励学生提出新的设计思路，培养其创新意识，敢于探索；

7）思想品格的培养：树立正确的设计思想和严谨、科学的工作作风。

考核成绩为实习报告（50%）+ 日志、出勤、质疑和实习鉴定（50%）。电气类生产实习主要工作包括：

1）熟悉 1 ~ 2 个有关电气设备的生产工艺、电气控制的主导思想及工作原理；

2）掌握一些仿真工具的原理和使用；

3）掌握一些电气设备的工作原理、构成、生产过程、安装调试方法、设计方法，掌握重点单元的设计思路、调试方法，熟悉这些设备故障的检测和维修方法；

4）有针对性地完成一个电气设备的电气原理图的读图；

5）能够基于工程相关背景知识评价专业工程实践和复杂电气工程问题解决方案对社会、健康、安全、法律以及文化的影响，并理解应承担的责任；

6）提交实习报告和日志。报告格式规范，内容正确，总结与实习相关的技术资料，有自主学习成果。每天有一篇日志，日志记录认真，当天学习内容记录完备。

3.1.2 生产实习的课程目标设计

1. 本课程支撑的毕业要求观测点

电气工程及其自动化专业2019版培养方案为本课程设置了5个观测点，具体如下：

1）毕业要求观测点6-2：能评价电气专业工程实践和复杂电气工程问题解决方案对社会、健康、安全、法律以及文化的影响，并理解应承担的责任。

2）毕业要求观测点7-2：能考虑环境保护和社会可持续发展问题，在此基础上对电气工程实践进行评价。

3）毕业要求观测点8-2：能在电气工程实践中遵守工程师职业道德和规范并履行责任。

4）毕业要求观测点9-2：具有一定的组织管理、人际交往能力，能够在多学科背景下的团队中做好自己的角色。

5）毕业要求观测点10-2：理解电气工程领域发展趋势及研究现状，并能与业界同行及社会公众进行有效沟通。

2. 课程目标

根据电气专业毕业要求观测点，本课程设置了5个能力目标（简称：DQSCSX-X），1个思政目标，不做输出目标考核。

3. 能力目标

（1）DQSCSX-1：对工程实践及解决方案的评价能力

能评价电气专业工程实践和复杂电气工程问题解决方案对社会、健康、安全、法律以及文化的影响，并理解应承担的责任。

（2）DQSCSX-2：对电气工程实践的评价能力

能考虑环境保护和社会可持续发展问题对电气工程实践进行评价。

（3）DQSCSX-3：遵守职业道德规范和履行责任能力

能在电气实习的工程实践中遵守工程师职业道德和规范并履行责任。

（4）DQSCSX-4：组织管理能力

具备在电气实习实践中进行组织管理、人际交往的能力，能够在多学科背景下的团队中做好自己的角色。

（5）DQSCSX-5：有效沟通能力

理解电气工程领域发展趋势及研究现状并能与业界同行及社会公众进行有效

沟通。

4. 思政目标

DQSCSX-6：课程思政与课程教学高质量融合。

通过生产实习培养学生综合运用基本理论、专业知识进行基本技能训练，提高分析与解决实际问题的能力，完成工程师的基本训练并初步培养从事科学研究工作能力。实习中引导学生发现问题、解决问题，激发科研热情，养成学生独立思考的习惯，培养学生的质疑精神和创新意识，使学生理解电力电子技术在国家节能减排、低碳经济发展战略中的作用，激励学生热爱专业、投身国家建设。

生产实习课程目标和毕业要求的对应关系见表3-1，实践学时安排见表3-2。

表 3-1 毕业要求与课程目标的关系表

毕业要求	观测点	支撑权重	课程目标	贡献度
6 工程与社会	6-2	0.2	DQSCSX-1：对工程实践及解决方案的评价能力	100%
7 环境和可持续发展	7-2	0.3	DQSCSX-2：对电气工程实践的评价能力	100%
8 职业规范	8-2	0.2	DQSCSX-3：遵守职业道德规范和履行责任能力	100%
9 个人和团队	9-2	0.2	DQSCSX-4：组织管理能力	100%
10 沟通	10-2	0.2	DQSCSX-5：有效沟通能力	100%

表 3-2 实践学时安排建议表

具体实践内容	学时计划	课程目标
1. 讲解和布置实习任务	2 学时	DQSCSX-3
2. 按要求完成实习任务 （1）遵守实习单位规章制度； （2）按要求完成每天的实习任务； （3）完成日志； （4）完成实习报告	2 周	DQSCSX-1、DQSCSX-2、DQSCSX-3、DQSCSX-4、DQSCSX-5
3. 答辩质疑	2 学时	DQSCSX-5

3.2 生产实习课程考核方案和依据

本课程评分标准为百分制，其中平时成绩占50%，由日志、出勤、质疑和实习鉴定的情况综合给出；实习报告成绩占50%。

3.2.1 生产实习的课程考核方案

生产实习课程各类考核项见表3-3。

表 3-3　课程各类考核项

课程目标	平时			期末
	日志	质疑	出勤及鉴定	实习报告
DQSCSX-1	—	50	—	20
DQSCSX-2	—	50	—	20
DQSCSX-3	50	—	—	20
DQSCSX-4	—	—	100	20
DQSCSX-5	50	—	—	20
分数合计	100	100	100	100
总评占比	50%			50%

注："—" 表示该项不占分值。

3.2.2　课程各考核项评价依据和标准

生产实习课程平时成绩考核标准见表 3-4，实习报告成绩考核标准见表 3-5。

表 3-4　平时成绩考核标准表

预期学习结果	考核依据	优秀（>90 分）	良好（80 ~ 90 分）	达成（60 ~ 80 分）	未达成（<60 分）
（1）DQSCSX-1：对工程实践及解决方案的评价能力 能评价电气专业工程实践和复杂电气工程问题解决方案对社会、健康、安全、法律以及文化的影响，并理解应承担的责任。 （2）DQSCSX-2：对电气工程实践的评价能力 能考虑环境保护和社会可持续发展问题，在此基础上对电气工程实践进行评价。 （3）DQSCSX-3：遵守职业道德规范和履行责任能力 能在电气实习的工程实践中遵守工程师职业道德和规范并履行责任。 （4）DQSCSX-4：组织管理能力 具备在电气实习实践中进行组织管理、人际交往的能力，能够在多学科背景下的团队中做好自己的角色。 （5）DQSCSX-5：有效沟通能力 理解电气工程领域发展趋势及研究现状并能与业界同行及社会公众进行有效沟通。	日志成绩、质疑答辩成绩、出勤及鉴定情况	每天有一篇日志，日志记录认真，当天学习内容记录完备；验收通过，流畅、正确地回答教师质疑；实习鉴定成绩优秀，没有缺勤情况	每天有一篇日志，日志记录较认真，当天学习内容记录基本完备；验收通过，较流畅、正确地回答教师质疑；实习鉴定成绩良好，出勤情况良好	每天有一篇日志，对当天学习内容能够进行记录；验收通过，基本正确地回答教师质疑；实习鉴定成绩合格，出勤情况合格	日志内容不完备，内容错误；不能正确地回答教师质疑；实习鉴定成绩不合格，出勤不合格

表 3-5 实习报告成绩考核标准表

预期学习结果	考核依据	优秀（>90 分）	良好（80 ~ 90 分）	达成（60 ~ 80 分）	未达成（<60 分）
（1）DQSCSX-1：对工程实践及解决方案的评价能力 能评价电气专业工程实践和复杂电气工程问题解决方案对社会、健康、安全、法律以及文化的影响，并理解应承担的责任。 （2）DQSCSX-2：对电气工程实践的评价能力 能考虑环境保护和社会可持续发展问题，在此基础上对电气工程实践进行评价。 （3）DQSCSX-3：遵守职业道德规范和履行责任能力 能在电气实习的工程实践中遵守工程师职业道德和规范并履行责任。 （4）DQSCSX-4：组织管理能力 具备在电气实习实践中进行组织管理、人际交往的能力，能够在多学科背景下的团队中做好自己的角色。 （5）DQSCSX-5：有效沟通能力 理解电气工程领域发展趋势及研究现状并能与业界同行及社会公众进行有效沟通。	生产实习报告	报告格式规范，内容正确，总结了与实习相关的技术资料，有自主学习成果	报告格式基本规范，内容总体正确，总结了与实习相关的技术资料	报告格式规范性一般，内容基本正确，总结了与实习相关的主要技术资料	报告格式规范性查，内容错误，技术资料不完备且有较严重错误

3.3 生产实习期间的要求

3.3.1 基本要求

（1）严格按公司时间作息，不得缺勤，不得迟到早退，如遇特殊情况，请与实习负责老师和实习单位请假，并填写请假单。

（2）严禁赤膊、短裤、超短裙、拖鞋、凉鞋等。

（3）女生严禁披肩发，要求穿运动鞋。

（4）安全第一，服从带队老师及实习单位指挥。

（5）不得乱扔垃圾，注意环境卫生。

（6）遵守劳动纪律，坚守工作岗位，努力完成实习任务。工作时保持仪表整洁，语言文明，不串岗聊天，不在厂区嬉笑打闹，不酗酒、不打架。

（7）保守单位保密。尊重师傅，虚心请教，努力学习生产技能。

（8）实习结束前，应交接好工作，如数归还所借公司财物，打扫整理办公场所。

（9）如收到实习单位警告，实习将不及格。

3.3.2 自主实习流程

（1）学生根据实习要求，联系实习单位，达成初步意向后上报系生产实习课程负责小组。

（2）经系里审查合格的实习单位，在接收到实习要求后，为学生出具生产实习接收函，包括实习具体项目、联系人、单位电话等。

（3）系里和实习学生签署“实习责任保证书”。多个人在一个单位，按小组签署责任保证书。

（4）学生按计划进行实习，实习结束后，由单位给实习学生出具实习鉴定。

（5）实习学生返回校递交实习报告和实习日志，接受生产实习质疑。

3.4 生产实习期间的安全注意事项

3.4.1 在电力设备上工作的危险源

（1）触电。电是一种特殊的物质，工作中具有触电的高度危险。触电后必须在最短的时间内接受救治。

（2）电网事故和设备事故。误碰误动保护和自动装置造成的电网事故和设备事故；工程施工中误碰带电运行的电气设备造成的电网事故和设备事故。

（3）高空摔跌。

（4）物体打击。

（5）车辆伤害。

（6）火灾。

3.4.2 安全注意事项

（1）严格遵守实习单位的各项规章制度，服从安排，一切行动听从实习单位有关人员和指导老师的安排。

（2）认真执行操作规则和安全生产规程，注意人身和设备安全，注意用电安全。严防各类事故发生，确保安全第一。

（3）未经许可不得擅自动用工具，使用仪器仪表时要有专人指导，爱护工具、设备，零部件传递安放时注意轻拿轻放，防止磕碰划伤。

（4）实习、参观等活动应在实习指导小组的安排下进行，不得单独行动。

（5）实习单位办公区和生产区禁止吸烟，吸烟请到吸烟区。

3.4.3 验电安全措施

（1）验电时，应使用相应电压等级而且合格的接触式验电器，在装设接地线或合接地刀闸处对各相分别验电。

（2）验电前，应先在有电设备上进行试验，确认验电器良好后立即在停电设备上进行验电。

（3）高压验电前必须戴绝缘手套，验电器的伸缩式绝缘棒的长度必须拉足，人体必须与验电设备保持安全距离。雨雪天不得在室外直接验电。

3.4.4 接地安全措施

（1）当验明设备确无电压后，应立即将检修设备接地并三相短路。电缆及电容器接地前应逐相充分放电，星形联结电容器的中性点应接地，串联电容器及与整组电容器脱离的电容器应逐个放电，装在绝缘支架上的电容器外壳也应放电。

（2）对于可能送电至停电设备的各方面都必须装设接地线或合上接地刀闸，应考虑所装接地线摆动时与带电部分必须符合安全距离的规定。

3.4.5 低压回路停电安全措施

（1）将检修设备的各方面电源均断开，取下可熔熔断器，在开关或刀闸操作把手上挂“禁止合闸，有人工作！”的标示牌；

（2）工作前必须验电；

（3）根据需要采取其他安全措施；

（4）停电更换熔断器后，恢复操作时，应戴手套和护目眼镜。

3.4.6 触电后脱离电源方法

（1）低压触电可采用下列方法使触电者脱离电源

1）若触电地点附近有电源开关或电源插座，立即断开电源。

2）若没有电源开关或电源插座（头），可用有绝缘柄的电工钳或有干燥木柄的斧头切断电线。

3）可用干燥的衣服、手套、绳索、皮带、木板、木棒等绝缘物使触电者脱离电源。如果触电者的衣服是干燥的，又没有紧缠在身上，可以用一只手抓住他的衣服，拉离电源。

4）若触电发生在低压带电的架空线路上或配电台架，切断电源的防坠落安全措施。

（2）高压触电可采用下列方法之一使触电者脱离电源

1）立即通知有关供电单位或用户停电。

2）戴上绝缘手套，穿上绝缘靴，用相应电压等级的绝缘工具按顺序拉开电源开关或熔断器。

3）抛掷金属线使线路短路接地，迫使保护装置动作，断开电源。注意抛掷金属线之前应先将金属线的一端固定保证其可靠接地，然后另一端系上重物抛掷，注意抛掷的一端不可触及触电者和其他人。另外，抛掷者抛出线后，要迅速离开接地的金属线 8m 以外或双腿并拢站立，防止跨步电压伤人。在抛掷短路线时，应注意防止电弧伤人或断线危及人员安全。

3.4.7 心肺复苏急救步骤

（1）首先判断昏倒的人有无意识。

（2）如无反应，立即呼救，叫“来人啊！救命啊！”等。

（3）迅速将伤员放置于仰卧位，并安置在地上或硬板上。

（4）开放气道（仰头举颌）。

（5）判断伤员有无呼吸（通过看、听和感觉来进行）。

（6）如无呼吸，立即口对口吹气两口。

（7）保持头后仰，另一只手检查颈动脉有无搏动。

（8）如有脉搏，表明心脏未停跳，可仅做人工呼吸，保持 12 ~ 16 次 /min。

（9）如无脉搏，立即在正确定位下在胸外按压位置进行心前区叩击 1 ~ 2 次。

（10）叩击后再次判断有无脉搏，如有脉搏即表明心跳已经恢复，可仅做人工呼吸即可。

（11）如无脉搏，立即在正确的位置进行胸外按压。

（12）每做 15 次按压，需做两次人工呼吸，然后再在胸部重新定位，再做胸外按压，如此反复进行，直到协助抢救者或专业医务人员赶来。按压频率为 100 次 /min。

（13）开始 1min 后检查一次脉搏、呼吸、瞳孔，以后每 4 ~ 5min 检查一次，检查不超过 5s，最好由协助抢救者检查。

（14）如有担架搬运伤员，应该持续进行心肺复苏，中断时间不超过 5s。

（15）心肺复苏的有效指标：心肺复苏操作是否正确，主要靠平时严格训练，掌握正确的方法。而在急救中判断复苏是否有效，可以根据以下五方面综合考虑：

1）瞳孔。复苏有效时，可见伤员瞳孔由大变小，如果瞳孔由小变大、固定、角膜混浊，则说明复苏无效；

2）面色（口唇）。复苏有效，可见伤员面色由紫绀转为红润，如果变为灰白，则说明复苏无效；

3）颈动脉搏动。按压有效时，每一次按压可以摸到一次搏动，如果停止按压，搏动亦消失，应继续进行心肺按压，如果停止按压后，脉搏仍然跳动，则说明伤员心跳已恢复；

4）神志复苏有效，可见伤员有眼球活动，睫毛反射与对光反射出现，甚至手脚开始抽动，肌张力增加；

5）出现自主呼吸，伤员自主呼吸出现，并不意味可以停止人工呼吸，如果自主呼吸微弱，仍应坚持口对口呼吸。

3.5 生产实习（认识实习）线上教学方案具体实施细则

3.5.1 实施细则与要点

（1）授课方式：采取集中实习与自主实习相结合的方式完成。集中实习由学院、系相关责任教师、授课教师统一组织，以邀请企业、行业专家开展线上讲座、直播、研讨等方式进行；鼓励学生在政策的许可范围内，进入企事业单位自主进行认识实习、生产实习。

（2）授课时间：对于集中实习，应严格遵照课程安排完成实习任务；对于自主实习，放宽时间要求，在暑假期间完成并在开学前提交相关材料，接受质疑即可。

（3）实习时长：以集中授课方式实施的生产实习，需收看（或参与）10 个主题的讲座、每个专业至少 2 个直播参观（或研讨）；以集中授课方式实施的认识实习，需收看（或参与）5 个主题的讲座、每个专业至少 1 个直播（或研讨）。自主生产实习的时间原则上不少于 10 个工作日，自主认识实习的时间原则上不少于 5 个工作日。

（4）实习内容：线上实习是特殊情况下的特殊举措，通过多方面的措施坚决保证实习目标的达成。在内容上，要突出专业建设特色、工程教育认证理念以及实践创新特色。各专业精心设计、合理选题，防止流于形式，虚化专业背景。要针对学生的专业知识、学习阶段，选取与专业课、专业基础课密切相关的主题，聘请经验丰富、责任心强的企业专家，强化实习效果。

（5）成绩构成：平时成绩（40%）+ 期末成绩（60%）。

（6）加强学院层面的规则设计与过程监督，在实习过程中，注重实践教学资源的统一管理，拓展新的实习渠道，兼顾当前需求及长远规划，鼓励各系的创新性举措，加强效果考核，制定必要的激励机制。

（7）课程设计的线上教学内容与进度按照线下教学计划进行。

（8）实践类课程的线上教学内容与进度按照线下教学计划进行。

3.5.2 实习类线上教学实施方案

1. 课程教学设计与实施

实习类课程采取集中实习与自主实习相结合的方式实施。集中实习由学院监督指导、系统组织，邀请企业、行业专家开展线上讲座、直播、研讨等；自主实习是学生在政策的许可范围内，自行联系专业相关的企事业单位，完成实习任务。以电气系为例，集中生产实习环节共包含了 10 场与专业相关的讲座和研讨，见表 3-6。

表 3-6 生产实习环节讲座安排示例表

序号	日期	时间	讲座名称	企业专家	校内老师
0	×/××	上午 10：00-11：00	讲座 1	—	宋老师
1	×/××	下午 2：00-4：00	讲座 2	郑老师	宋老师
2	×/××	上午 10：00-12：00	讲座 3	董老师	马老师
3	×/××	上午 10：00-12：00	讲座 4	梁老师	金老师
4	×/××	下午 2：00-4：00	讲座 5	张老师	温老师
5	×/××	上午 10：00-12：00	讲座 6	魏老师	宋老师
6	×/××	上午 9：00-11：00	讲座 7	李老师	章老师
7	×/××	上午 10：00-12：00	讲座 8	白老师	温老师
8	×/××	下午 2：00-4：00	讲座 9	宋老师	周老师
9	×/××	上午 10：00-12：00	讲座 10	张老师	宋老师
10	×/××	上午 10：00-12：00	讲座 11	刘老师	周老师

在教学过程中，为了改善教学效果，电控学院在以下几个方面进行了教学设计上的改进。首先，优化了以往仅具有考勤功能的“问卷星”电子问卷，将考勤和提问环节结合在一起，要求学生在规定时间内完成问卷星的问题，提高了学生的专注度。如“柔性直流输电技术及应用”的问卷星及对应的题目如图 3-1 所示。

1 应用于国内高压直流输电工程的两类主流技术是基于 LCC-HVDC 的传统直流和基于 VSC-HVDC 的柔性直流，关于两种这两种直流输电技术的对比，以下错误的是（ ）

A．LCC-HVDC 系统基于晶闸管技术，导通时刻可控，电流过零关断，不能单独控制有功功率或者无功功率；VSC-HVDC 采用可关断器件，开通和关断时间可控，与电流方向无关，可以同时且相互独立地控制有功功率、无功功率，使控制更加灵活方便。

B．LCC-HVDC 系统不能单独控制有功功率或者无功功率；VSC-HVDC 可以同时且相互独立地控制有功功率、无功功率，使控制更加灵活方便。

C．LCC-HVDC 需要配置大容量的无功补偿装置，受端需要较强的交流系统支持；VSC-HVDC 不需要配置大量无功补偿装置，可以工作在无源逆变方式下，没有换相失败问题，可以与无源系统互联。

D．LCC-HVDC 占地面积较小，损耗较小，VSC-HVDC 占地面积大，损耗稍大。

2 下列关于柔性直流输电系统中换流站内的控制保护，哪些说法是正确的（ ）

A. 柔性直流换流站内的控制保护分两个层级。

B. 柔性直流换流站内的系统层的控制是接受站控层的控制保护命令，同时下发阀及其冷却系统控制保护指令。

C. 柔性直流换流站内的系统层的控制是接受如调度中心等层级的指令，下发指令至站控层。

D. 柔性直流换流站内的控制保护指令均为单向指令，不需逐级反馈至上级控制系统。

3 关于张北±500kV 柔性直流电网工程，下列说法错误的是（ ）

A. 该工程是世界上第一个真正具有网格特性的直流电网。

B. 该工程具有目前世界上电压等级最高，容量最大的柔性直流换流站。

C. 该工程研制了世界上电压等级最高，开断能力最强的直流断路器。

D. 该工程是世界上第一个采用电缆作为输电线路的直流电网。

图 3-1 “柔性直流输电技术及应用”的问卷星及对应的题目示例

其次，在企业专家进行讲座的过程中，主持老师实时与学生进行启发式互动，提高了学生的学习兴趣，并鼓励学生将讲座的知识与课程内容相联系，并注意向学生贯彻工程教育的理念。主持老师与学生互动的部分情况见表 3-7。

表 3-7　主持老师与学生互动的部分情况示例

学生 1
听电力电子老师说因为德州是独立电网才导致那次大停电的主要原因?
老师 1
直流故障的后果有：发生一点接地后再发生另一极接地就将造成直流短路，可能造成信号装置、继电保护或控制回路的不正确动作。两点接地可能会将跳闸回路短路，引起熔断器熔断，烧坏继电器接点。
老师 2
有这方面的原因。同步交流电网可以提供比较强的支撑。但这种支撑会受到电网结构、电网运行机制的影响。我国的电网肯定以民生、经济作为首要考量。资本主义国家的电网本质是逐利的。
老师 3
每年夏季，电网公司都要进行迎峰度夏，需要电力员工的辛勤付出才能保证炎炎夏日的可靠供电。将来很多同学会进入电网工作。每年的夏天都是电力负荷的高峰时段，保证电力的可靠供应是很不容易的。极端天气对电网的考验也很大。

除此之外，对课程的考核办法也进行了优化，特别是针对平时成绩的构成，进行了细致的、差异化的设计。以生产实习为例，成绩构成见表 3-8 和表 3-9。

表 3-8　集中生产实习的成绩构成表

平时成绩（40%）	质疑环节（25%）
	日志（60%）
	问卷星调查（15%）
期末成绩（60%）	实习报告（100%）

表 3-9　自主生产实习的成绩构成表

平时成绩（40%）	质疑环节（10%）
	日志（35%）
	实习鉴定或竞赛指导教师评分（55%）
期末成绩（60%）	实习报告（100%）

最后，对实习报告等存档资料的规范性要求进行了提高，培养学生严谨、认真的学习态度和科学素养。针对集中实习和自主实习的实际情况，有针对性地编制了报告的提纲，并对行文的格式提出了细致的要求。

2. 远程教学方案对实习类课程目标达成的影响

线上实习是疫情特殊情况下的特殊举措，我们通过对课堂的精心设计来确保课程目标的达成。以生产实习为例，课程目标包含5个能力目标及1个课程思政目标：

（1）能力目标

1）DQRSSX-1：对专业背景相关知识的理解能力

能理解与电气工程背景相关的社会、健康、安全、法律及文化方面的知识。

2）DQRSSX-2：对环境和社会可持续发展的理解能力

理解电气工程对环境和社会可持续发展的影响。

3）DQRSSX-3：有效沟通能力

理解电气工程领域发展趋势及研究现状并能与业界同行及社会公众进行有效沟通。

（2）思政目标

DQRSSX-4：课程思政与课程教学高质量融合。

通过认识实习引导学生发现问题、解决问题，激发科研热情，养成学生独立思考的习惯，培养学生的质疑精神和创新意识；使学生理解电气技术在国家节能减排、低碳经济发展战略中的作用，激励学生热爱专业、投身国家建设。

为了改善能力目标的达成效果，各专业针对学生的专业知识及学习阶段，精心设计了主题讲座，聘请了经验丰富、责任心强的企业专家，强化实习效果。如“超特高压输电技术及仿真”“柔性直流输电技术及应用”等讲座，对DQRSSX-1方面的目标具有强支撑，“双碳政策下的数据中心节能探讨”“汽车的电动时代”则主要着眼于DQRSSX-2方面的课程目标，通过课堂互动、质疑等环节重在培养DQRSSX-3的有效沟通能力，我们还将思政目标贯穿整个实习环节，培养学生对专业的热爱和兴趣，培养学生对大国工匠精神的深刻理解，培养学生刻苦学习、报效国家的热情。

在远程教学中，对学生动手能力培养不足，对生产工艺流程的直观认识不够深刻，这些都是线上课程的固有缺陷。我们将通过在后续的综合设计、课程实验等环节加强训练，补齐短板，确保各项能力的达成。

3.6 生产实习成绩评定标准

3.6.1 成绩构成

生产实习成绩由平时成绩和期末成绩两部分构成，平时成绩占总成绩40%，期末成绩占总成绩60%。

（1）平时成绩

参与线上集中实习的，平时成绩由质疑环节、日志、问卷星调查三部分构成，占平时成绩的比例分别为25%、60%和15%，均以百分制的方式给出成绩。

参与自主实习或竞赛替代的，平时成绩由质疑环节、实习单位或竞赛老师评分、日志三部分构成，占平时成绩的比例分别为 10%、55% 和 35%，均以百分制的方式给出成绩。

（2）期末成绩

期末成绩根据实习报告（或竞赛报告）给出，百分制。

3.6.2 生产实习报告评定标准

（1）优秀（90 以上）

严格按照生产实习报告模板编写报告，报告格式规范，内容完整、正确，系统总结了与实习相关的知识获得与能力提升，很好地完成了自主学习实践，对所学课程知识点与讲座内容对应关系认识明确，对讲座中提到的企业或工程的非技术因素理解准确、透彻，深刻总结了实习相关的知识与能力收获，在报告中提出或归纳总结了独立且正确的观点。

（2）良好（80 ~ 89 分）

总体上遵守生产实习报告模板对于内容和格式的要求，报告格式基本规范，内容比较完整和正确，总结了与实习相关的知识与能力收获，较好地开展了自主学习实践，对所学课程知识点与讲座内容对应关系认识较为明确，对讲座中提到的企业或工程的非技术因素理解较为准确，较为全面地总结了实习相关的知识与能力收获。

（3）中等（70 ~ 79 分）

总体上遵守生产实习报告模板对于内容和格式的要求，报告格式基本规范，内容总体正确，总结了与实习相关的知识与能力收获，对所学课程知识点与讲座内容对应关系认识有所体现，对讲座中提到的企业或工程的非技术因素认识基本正确，对实习相关的知识与能力收获总结基本全面。

（4）及格（60 ~ 69 分）

总结了与实习相关的知识与能力收获，对所学课程知识点与讲座内容对应关系认识笼统，对讲座中提到的企业或工程的非技术因素认识基本正确，对实习相关的知识与能力收获进行了总结，内容涵盖了生产实习报告模板规定的大部分内容，且总体正确。

（5）不及格

未提交报告或报告内容缺失严重；报告内容有显著错误；报告内容雷同；其他应当判定为不及格的情形。

3.6.3 生产实习日志评定标准

（1）优秀（90 以上）

日志数目完整，内容完备、正确，行文通顺，字迹工整，格式严谨。

（2）良好（80～89分）

日志数目完整，内容完备、正确，行文通顺。

（3）中等（70～79分）

日志数目完整，内容完备、正确。

（4）及格（60～69分）

日志内容包含了主要的讲座内容，且基本正确。

（5）不及格

未提交日志或日志内容不完整；内容有显著错误；内容雷同；其他应当判定为不及格的情形。

3.6.4 电子问卷评定标准

（1）没参与答题，也不能通过截屏等方式证明参加了讲座：0分；

（2）没参与答题，但可通过截屏等方式证明参加了讲座：50分；

（3）参与答题，3题全错：55分；

（4）参与答题，1题对：70分；

（5）参与答题，2题对：85分；

（6）参与答题，3题全对：100分。

3.7 生产实习报告和日志参考模板

3.7.1 生产实习报告模板——适用于集中实习

电气与控制工程学院

2022春生产实习报告

班　　级：

学　　号：

姓　　名：

报告成绩：

报告成绩明细	第1章	第2章	第3章	第4章	第5章	第6章	第7章	总成绩

报告评价：（200字以内）

批阅教师：（签名）

日期：　　年　　月　　日

目　　录

第一部分：集中讲座总结

1. 技术收获和能力提高（15 分）

2. 实习内容和之前所学课程的关系（15 分）

3. 非技术性收获（15 分）

4. 个人和团队（15 分）

第二部分：自主学习实践

5. 自主学习成果（10 分）

6. 调研报告（20 分）

7. 生产实习总结（10 分）

报告写作说明：

（1）目录部分可分为章节二级，名称自拟，各级目录左对齐，右侧显示页码。

（2）一级标题（章标题）：中文字体为黑体，西文字体为 Times New Roman，三号，大纲级别 1 级，左对齐，无缩进，段前 0 行，段后 0 行，1.5 倍行距。题序与标题间空 1 格。每一章另起一页。

（3）二级标题（节标题）：中文字体为黑体，西文字体为 Times New Roman，小四号，大纲级别 2 级，左对齐，无缩进，段前 0 行，段后 0 行，1.5 倍行距。题序与标题间空 1 格。

（4）三级标题（如果有）：中文字体为黑体，西文字体为 Times New Roman，小四号，大纲级别 3 级，左对齐，无缩进，段前 0 行，段后 0 行，1.5 倍行距。题序与标题间空 1 格。

（5）正文：中文字体为宋体，西文字体为 Times New Roman，小四号，大纲级别正文文本，两端对齐，首行缩进 2 字符，段前 0 行，段后 0 行，1.5 倍行距。

（6）中文表题：中文字体为黑体，西文字体为 Times New Roman，小五号，居中无缩进，段前 0 行，段后 6 磅，1.5 倍行距。表序与表名之间空两格，表名中不允许使用标点符号，表名后不加标点。表的结构应简洁，采用三线表。

（7）公式应分章编号，并将编号置于括号内，如（1.1），公式居中，编号右端对齐。包含公式的段落行间距可设置为最小值 18 磅，以保证公式完全显示。

（8）中文图题：中文字体为黑体，西文字体为 Times New Roman，小五号，居中无缩进，段前 6 磅，段后 0 行，1.5 倍行距。图名在图号之后空两格排写，图名中不允许使用标点符号，图名后不加标点。

3.7.2 生产实习报告模板——适用于自主实习

电气与控制工程学院

________ 年春 生产实习报告

班　　级：
学　　号：
姓　　名：
报告成绩：

报告成绩明细	第 1 章	第 2 章	第 3 章	第 4 章	第 5 章	第 6 章	第 7 章	总成绩

报告评价：（200 字以内）
批阅教师：（签名）

日期：　年　月　日

目　　录

第一部分：集中讲座总结
1. 技术收获和能力提高（15 分）
2. 实习内容和之前所学课程的关系（15 分）
3. 非技术性收获（15 分）
4. 个人和团队（15 分）
第二部分：自主学习实践
5. 自主学习成果（10 分）
6. 调研报告（20 分）
7. 生产实习总结（10 分）

报告写作说明：

（1）目录部分可分为章节二级，名称自拟，各级目录左对齐，右侧显示页码。

（2）一级标题（章标题）：中文字体为黑体，西文字体为 Times New Roman，三号，大纲级别 1 级，左对齐，无缩进，段前 0 行，段后 0 行，1.5 倍行距。题序与标题间空 1 格。每一章另起一页。

（3）二级标题（节标题）：中文字体为黑体，西文字体为 Times New Roman，小四号，大纲级别 2 级，左对齐，无缩进，段前 0 行，段后 0 行，1.5 倍行距。题序与标题间空 1 格。

（4）三级标题（如果有）：中文字体为黑体，西文字体为 Times New Roman，小四号，大纲级别 3 级，左对齐，无缩进，段前 0 行，段后 0 行，1.5 倍行距。题序与标题间空 1 格。

（5）正文：中文字体为宋体，西文字体为 Times New Roman，小四号，大纲级别正文文本，两端对齐，首行缩进 2 字符，段前 0 行，段后 0 行，1.5 倍行距。

（6）中文表题：中文字体为黑体，西文字体为 Times New Roman，小五号，居中无缩进，段前 0 行，段后 6 磅，1.5 倍行距。表序与表名之间空两格，表名中不允许使用标点符号，表名后不加标点。表的结构应简洁，采用三线表。

（7）公式应分章编号，并将编号置于括号内，如（1.1），公式居中，编号右端对齐。包含公式的段落行间距可设置为最小值 18 磅，以保证公式完全显示。

（8）中文图题：中文字体为黑体，西文字体为 Times New Roman，小五号，居中无缩进，段前 6 磅，段后 0 行，1.5 倍行距。图名在图号之后空两格排写，图名中不允许使用标点符号，图名后不加标点。

第4章 电气类专业认识实习教学设计与评学机制

4.1 认识实习的能力培养要求与课程目标

4.1.1 课程简介

认识实习是电气工程及其自动化、新能源科学与工程专业的一门实践性专业课，课程性质为专业教育实践课程必修课。通过本门课程的教学和实践应使学生开阔眼界、增长知识、丰富头脑，激发他们对电气工程及其自动化专业的学习兴趣。

认识实习主要工作：

（1）实习动员阶段

要求学生掌握认识实习的目的、意义、具体进程，并对各实习点的情况做大致介绍。提出相应的具体要求，特别着重进行外出和实习的安全教育及纪律教育。

（2）下厂实习参观阶段

在各实习点均请厂方人员先进行安全教育、纪律要求和概况介绍，然后分组边参观边讲解。重点培养和考核以下能力要求：

1）发电厂、变配电所类：要求了解主接线、常用电气设备、一般操作、继电保护、安全规程。

2）电机修造厂类：了解电机类型、结构、工艺要求和生产过程。

3）仪器、仪表、电子厂类：要求了解相应产品的种类、功能、结构、生产过程。

4）自动化生产线类：要求了解生产流程、检测仪表的种类、控制系统的构成。

（3）提交成果阶段

报告格式规范，内容正确，总结与实习相关的技术资料，有自主学习成果。每天有一篇日志，日志要记录认真，当天学习内容记录完备。

4.1.2 认识实习的课程目标设计

1. 本课程支撑的毕业要求观测点

电气工程及其自动化专业2019版培养方案为本课程设置了3个观测点，具体如下：

1）毕业要求观测点6-1：理解与电气工程背景相关的社会、健康、安全、法律及文化方面的知识。

2）毕业要求观测点 7-1：理解电气工程对环境和社会可持续发展的影响。

3）毕业要求观测点 10-2：理解电气工程领域发展趋势及研究现状，并能与业界同行及社会公众进行有效沟通。

根据电气专业毕业要求观测点，本课程设置了 3 个能力目标（简称：DQRSSX-X），1 个思政目标，不做输出目标考核。

2. 能力目标

（1）DQRSSX-1：对专业背景相关知识的理解能力

理解与电气工程背景相关的社会、健康、安全、法律及文化方面的知识。

（2）DQRSSX-2：对环境和社会可持续发展的理解能力

理解电气工程对环境和社会可持续发展的影响。

（3）DQRSSX-3：有效沟通能力

理解电气工程领域发展趋势及研究现状，并能与业界同行及社会公众进行有效沟通。

3. 思政目标

DQRSSX-4：课程思政与课程教学高质量融合。

通过认识实习引导学生发现问题、解决问题，激发科研热情，养成学生独立思考的习惯，培养学生的质疑精神和创新意识。使学生理解电气技术在国家节能减排、低碳经济发展战略中的作用，激励学生热爱专业、投身国家建设。

认识实习课程目标和毕业要求的对应关系见表 4-1，实践学时安排见表 4-2。

表 4-1　毕业要求与课程目标的关系表

毕业要求	观测点	支撑权重	课程目标	贡献度
6 工程与社会	6-1	0.1	DQRSSX-1：对专业背景相关知识的理解能力	100%
7 环境和可持续发展	7-1	0.2	DQRSSX-2：对环境和社会可持续发展的理解能力	100%
10 沟通	10-2	0.2	DQRSSX-3：有效沟通能力	100%

表 4-2　实践学时安排建议表

具体实践内容	学时计划	课程目标
1. 讲解和布置实习任务	2 学时	DQRSSX-1
2. 按要求完成实习任务 （1）遵守实习单位规章制度 （2）按要求完成每天的实习任务	1 周	DQRSSX-1 DQRSSX-2
3. 结课及报告撰写、提交 （1）完成日志 （2）完成实习报告	2 学时	DQRSSX-3

4.2 认识实习课程考核方案和依据

本课程评分标准为百分制，其中平时成绩占 50%，由日志、实习表现及出勤的情况综合给出；实习报告成绩占 50%。

4.2.1 课程考核方案

认识实习课程各类考核项见表 4-3。

表 4-3 课程各类考核项

课程目标	平时		期末
	日志	出勤及实习表现	实习报告
DQRSSX-1	25	50	30
DQRSSX-2	25	—	30
DQRSSX-3	50	50	40
分数合计	100	100	100
总评占比	50%		50%

注：“—”表示该项不占分值。

4.2.2 课程各考核项评价依据和标准

认识实习课程平时成绩考核标准见表 4-4，实习报告成绩考核标准见表 4-5。

表 4-4 平时成绩考核标准表

预期学习结果	考核依据	优秀 >90 分	良好 80 ~ 90 分	达成 60 ~ 80 分	未达成 <60 分
（1）DQRSSX-1：对专业背景相关知识的理解能力 理解与电气工程背景相关的社会、健康、安全、法律及文化方面的知识。 （2）DQRSSX-2：对环境和社会可持续发展的理解能力 理解电气工程对环境和社会可持续发展的影响。 （3）DQRSSX-3：有效沟通能力 理解电气工程领域发展趋势及研究现状，并能与业界同行及社会公众进行有效沟通。	日志成绩、出勤及实习表现情况	每天有一篇日志，日志记录认真，当天学习内容记录完备；没有缺勤情况	每天有一篇日志，日志记录较认真，当天学习内容记录基本完备；出勤情况良好	每天有一篇日志，对当天学习内容能够进行记录；出勤情况合格	日志内容不完备，内容错误；出勤不合格

表 4-5 实习报告成绩考核标准表

预期学习结果	考核依据	优秀 >90 分	良好 80～90 分	达成 60～80 分	未达成 <60 分
（1）DQRSSX-1：对专业背景相关知识的理解能力 理解与电气工程背景相关的社会、健康、安全、法律及文化方面的知识。 （2）DQRSSX-2：对环境和社会可持续发展的理解能力 理解电气工程对环境和社会可持续发展的影响。 （3）DQRSSX-3：有效沟通能力 理解电气工程领域发展趋势及研究现状，并能与业界同行及社会公众进行有效沟通。	认识实习报告	报告格式规范，内容正确，总结了与实习相关的技术资料，有自主学习成果	报告格式基本规范，内容总体正确，总结了与实习相关的技术资料	报告格式规范性一般，内容基本正确，总结了与实习相关的主要技术资料	报告格式规范性差，内容错误，技术资料不完备且有较严重错误

4.3 认识实习期间的要求

实习期间要求

1）实习期间不得缺勤，不得迟到早退，如遇特殊情况，请与实习负责老师联系并填写请假单。

2）严禁赤膊、短裤、超短裙、拖鞋、凉鞋等。

3）女生严禁披肩发，要求穿运动鞋。

4）安全第一，服从带队老师及实习单位指挥。

5）不得乱扔垃圾，注意环境卫生。

6）遵守劳动纪律，不在厂区嬉笑打闹，不酗酒、不打架。

4.4 认识实习期间的安全注意事项

4.4.1 安全注意事项

1）各实习单位都是防火单位，在进入厂区后，请勿吸烟。

2）厂区内机动车较多，进入厂区后请走人行道。

3）因车间内常有备件物流车经过，参观人员进入车间后，要服从接待人员的指挥，走黄色安全参观通道。

4）参观人员不能进入生产作业区域，不得与现场工作人员交谈。

5）车间内存放的零部件及器具有些很锋利，请不要触摸它们。

6）进入车间内禁止拍照和摄像。

4.4.2 设备不停电时的安全距离

设备不停电时的安全距离考虑了一定安全裕度和意外情况，见表 4-6。

表 4-6 设备不停电时的安全距离表

电压等级 /kV	安全距离 /m
10 及以下（13.8）	0.70
20、35	1.00
63（66）、110	1.50
220	3.00
330	4.00
500	5.00

4.5 认识实习成绩构成及评定标准

4.5.1 成绩构成

参照考勤、实习表现、实习日志、实习报告质量综合给出。实习报告占 60%，其他平时成绩占 40%。如果报告出现雷同，一律不及格。

4.5.2 实习日志评定标准

（1）优秀:（90 分以上）

每场报告对应一篇日志，日志记录认真，当天学习内容记录完备，认真归纳学习收获并有自主和拓展的学习内容。

（2）良好:（80～89 分）

每场报告对应一篇日志，日志记录认真，当天学习内容记录不够完备。

（3）中等:（70～79 分）

每场报告对应一篇日志，日志记录基本认真，有部分学习内容。

（4）及格:（60～69 分）

日志格式不规范，无体会。

4.5.3 实习报告评定标准

（1）优秀:（90 以上）

报告格式规范，内容正确、充实，有较深体会和收获。

（2）良好:（80～89 分）

报告格式规范，内容正确，有一定的体会和收获。

（3）中等：（70～79分）

报告格式基本规范，有一点体会。

（4）及格：（60～69分）

报告格式不规范，无体会。

（5）不及格

雷同报告都不及格。

4.6 认识实习报告和日志参考模板

电气与控制工程学院

2022年认识实习报告

班　　级：

学　　号：

姓　　名：

报告内容	1	2	3	4	5	6	目录及格式	总成绩
得分								

报告评价：（50字以内）

批阅教师：（签名）

时　　间：

目　　录

1）介绍讲座或参观企业中涉及的一个完整系统的组成与技术基本原理。

2）获得的专业相关知识、技术领域收获。

3）针对5个讲座或参观企业中的企业至少分析提炼一个该企业涉及的电气工程及其自动化专业相关技术问题，并对该技术内容进行自主网络学习，说明可能采用的技术方案。

4）说明专业相关领域复杂工程问题解决方案对社会、健康、安全、法律以及文化的影响，及应承担的社会责任。

5）经过一周的实习对所学专业行业背景有何体会。

6）实习总结（300字以内的收获、感想）。

报告写作说明

1）目录部分可分为章节二级，名称自拟，各级目录左对齐，右侧显示页码。

2）章标题小三号宋体加重，节标题小四号宋体加重，正文小四号宋体，1.5倍行距。

附件：实习日志（手写版）

要求：5 个讲座及参观企业要求写 5 篇实习日志，记录学习到的内容。

注意：注明参观地点及时间，讲座时间和报告人。

每篇实习日志包括内容：

1）参观之前，对该工厂或企业行业进行相关资料的搜索和背景调研。

2）对该工厂或企业行业提一个你感兴趣的问题。

3）每次参观或讲座结束后回答提出的问题。

4）每次参观或讲座相关技术介绍。

第 5 章
电气类专业毕业设计教学设计与评学机制

5.1 毕业设计的能力培养要求与课程目标

5.1.1 课程简介

毕业设计是电气工程及其自动化专业本科教学计划中重要的实践性教学环节。毕业设计（论文）是培养学生综合运用本学科的基本理论、专业知识和基本技能，提高分析与解决复杂工程问题的能力，完成工程师的基本训练和初步培养从事科学研究工作能力的重要环节。按教学要求完成毕业设计（论文）是本科生获得学士学位的必要条件。

（1）实践任务内容和学时计划

本课程是电气工程及其自动化专业本科教学计划中重要的实践性教学环节。主要任务是培养学生综合运用本学科的基本理论、专业知识和基本技能，提高分析与解决复杂工程问题的能力，完成工程师的基本训练和初步培养从事科学研究的工作能力。

（2）实践内容（含能力项）

1）综合运用知识及应用文献资料能力：将所学的知识、技能与实践相结合，对实际问题进行分析、解决、总结。

2）识图与绘图能力：能够读懂常见的电气控制图和电气工程图，可以利用专业课程知识绘制电路图。

3）设计（实验）能力和计算能力：掌握部分仪器仪表与控制设备的使用、系统调试及实验数据的测试、采集、计算与分析。

4）计算机应用能力：能熟练使用实际电气工程和控制系统设计中常用工具软件及系统开发软件，例如 Protel、CAD、PLC 软件等。

5）系统仿真能力：了解系统组态和仿真方法，较为完整的熟悉一些控制系统仿真软件的使用。

6）创新能力：鼓励学生提出新的设计思路，培养其创新意识，敢于探索。

7）思想品格的培养：树立正确的设计思想和严谨、科学的工作作风。

（3）对学生提交成果的要求

提交材料完备，格式规范，内容正确，符合《北方工业大学本科生毕业设计说明书（论文）写作规则》要求。

毕业设计实践学时安排建议见表 5-1。

表 5-1 实践学时安排建议表

具体实践内容	学时计划	课程目标
1. 讲解和布置毕业设计任务	2 学时	BYSJ-5
2. 按要求完成毕设任务 （1）遵守出勤制度 （2）按要求完成周记 （3）完成外文文献翻译 （4）完成开题、中期检查、毕业答辩 （5）按要求提交合格、规范的存档资料	16 周	BYSJ-1 BYSJ-2 BYSJ-3 BYSJ-4 BYSJ-6 BYSJ-7 BYSJ-8 BYSJ-11 BYSJ-12
3. 答辩质疑 （含开题、中期及毕业答辩）	15 学时	BYSJ-9 BYSJ-10

5.1.2 课程目标设计及达成情况评价

1. 本课程支撑的毕业要求观测点

电气工程及其自动化专业 2019 版培养方案为本课程设置了 12 个观测点，具体如下：

（1）毕业要求观测点 2-1

能利用数学、自然科学和工程科学的基本原理，针对复杂工程问题建立数学和物理模型并得出恰当结论。

（2）毕业要求观测点 2-2

能通过文献研究，分析复杂电气工程问题的基本原理并给出分析结论。

（3）毕业要求观测点 3-1

能综合专业基础课程与专业方向的课程的学习知识，针对复杂电气工程问题，制定具体的解决方案，设计系统参数。

（4）毕业要求观测点 3-2

能在设计 / 开发解决方案中体现出一定的创新意识。

（5）毕业要求观测点 3-3

能在社会、健康、安全、法律、文化，以及环境等现实因素的约束下，对设计方案的可行性进行评价。

（6）毕业要求观测点 4-1

能在对复杂电气工程问题分析研究的基础上，设计具体可行的实验方案并进行实施。

（7）毕业要求观测点 5-2

能针对具体电气工程复杂问题，采用现代工程工具进行模拟与预测。

（8）毕业要求观测点 6-2

能评价电气专业工程实践和复杂电气工程问题解决方案对社会、健康、安全、法律以及文化的影响，并理解应承担的责任。

（9）毕业要求观测点 10-1

能就复杂电气工程问题做出口头的清晰表达，并撰写出格式规范的设计报告。

（10）毕业要求观测点 10-2

理解电气工程领域发展趋势及研究现状，并能与业界同行及社会公众进行有效沟通。

（11）毕业要求观测点 10-3

具备一定的国际视野，至少掌握一门外语并具有应用能力，能够在跨文化背景下进行沟通和交流。

（12）毕业要求观测点 12-1

具有自主学习与终身学习并适应发展的能力。

2. 课程目标

根据电气专业毕业要求观测点，本课程设置了 12 个能力目标（简称：BYSJ-X），1 个思政目标，不做输出目标考核。

3. 能力目标

（1）BYSJ-1：数学和物理建模能力

能利用数学、自然科学和工程科学的基本原理，针对复杂工程问题建立数学和物理模型并得出恰当结论。

（2）BYSJ-2：分析及归纳能力

能通过文献研究，分析复杂电气工程问题的基本原理并给出分析结论。

（3）BYSJ-3：方案制定及系统设计能力

能综合专业基础课程与专业方向课程的知识学习，针对复杂电气工程问题，制定具体的解决方案，设计系统参数。

（4）BYSJ-4：创新能力

能在设计 / 开发解决方案中体现出一定的创新意识。

（5）BYSJ-5：对设计方案的可行性评价能力

能在社会、健康、安全、法律、文化以及环境等现实因素的约束下，对设计方案的可行性进行评价。

（6）BYSJ-6：实验方案的设计及实施能力

能在对复杂电气工程问题分析研究的基础上，设计具体可行的实验方案并进行实施。

（7）BYSJ-7：电气工程问题的模拟与预测能力

能针对具体电气工程复杂问题，采用现代工程工具进行模拟与预测。

（8）BYSJ-8：对工程实践及解决方案的评价能力

能评价电气专业工程实践和复杂电气工程问题解决方案对社会、健康、安全、法律以及文化的影响，并理解应承担的责任。

（9）BYSJ-9：口头表达及撰写报告能力

能就复杂电气工程问题做出口头的清晰表达，并撰写出格式规范的设计报告。

（10）BYSJ-10：有效沟通能力

理解电气工程领域发展趋势及研究现状，并能与业界同行及社会公众进行有效沟通。

（11）BYSJ-11：外语沟通和交流能力

具备一定的国际视野，至少掌握一门外语并具有应用能力，能够在跨文化背景下进行沟通和交流。

（12）BYSJ-12：自主学习与终身学习能力

具有自主学习与终身学习并适应发展的能力。

4. 思政目标

BYSJ-13：课程思政与课程教学高质量融合。

通过毕业设计培养学生综合运用基本理论、专业知识进行基本技能训练，提高分析与解决实际问题的能力，完成工程师的基本训练和初步培养从事科学研究工作能力。实习中引导学生发现问题、解决问题，激发科研热情，养成学生独立思考的习惯，培养学生的质疑精神和创新意识。使学生理解专业技术在国家节能减排、低碳经济发展战略中的作用，激励学生热爱专业、投身国家建设。毕业要求与课程目标的对应关系见表5-2。

表5-2　毕业要求与课程目标的关系表

毕业要求	观测点	支撑权重	课程目标	贡献度
2 问题分析	2-1	0.2	BYSJ-1：数学和物理建模能力	100%
2 问题分析	2-2	0.2	BYSJ-2：分析及归纳能力	100%
3 设计 / 开发解决方案	3-1	0.2	BYSJ-3：方案制定及系统设计能力	100%
3 设计 / 开发解决方案	3-2	0.2	BYSJ-4：创新能力	100%
3 设计 / 开发解决方案	3-3	0.2	BYSJ-5：对设计方案的可行性评价能力	100%
4 研究	4-1	0.2	BYSJ-6：实验方案的设计及实施能力	100%
5 使用现代工具	5-2	0.3	BYSJ-7：电气工程问题的模拟与预测能力	100%
6 工程与社会	6-2	0.1	BYSJ-8：对工程实践及解决方案的评价能力	100%

（续）

毕业要求	观测点	支撑权重	课程目标	贡献度
10 沟通	10-1	0.2	BYSJ-9：口头表达及撰写报告能力	100%
10 沟通	10-2	0.3	BYSJ-10：有效沟通能力	100%
10 沟通	10-3	0.2	BYSJ-11：外语沟通和交流能力	100%
12 终身学习	12-1	0.3	BYSJ-12：自主学习与终身学习能力	100%

5.2 课程考核方案和依据

毕业设计成绩主要根据课题的进展情况、成果，由指导教师、评阅教师、答辩情况综合评定，各自的权重系数分别为 0.5、0.2、0.3，即

总成绩 =0.5 × 指导教师评定成绩 +0.2 × 评阅人评定成绩 +0.3 × 答辩成绩

成绩按百分制核定，优秀（90 ~ 100 分），良好（80 ~ 89 分），中等（70 ~ 79 分），及格（60 ~ 69 分），不及格（60 分以下）。

指导教师评分标准、评阅人评分标准、答辩评分标准参照《北方工业大学本科生毕业设计（论文）工作教师须知》及相关文件执行，课程考核项见表 5-3。

表 5-3　课程考核项

课程目标	指导教师评定	评阅人评定	答辩
BYSJ-1	10	10	10
BYSJ-2	10	10	10
BYSJ-3	10	10	10
BYSJ-4	10	10	10
BYSJ-5	10	10	10
BYSJ-6	10	10	10
BYSJ-7	10	10	10
BYSJ-8	10	10	10
BYSJ-9	0	0	10
BYSJ-10	0	0	10
BYSJ-11	10	10	0
BYSJ-12	10	10	0
分数合计	100	100	100
总评占比	50%	20%	30%

课程考核分为指导教师评定考核、评阅人评定成绩考核、答辩成绩考核，各项评价依据和标准见表 5-4、表 5-5、表 5-6。

表 5-4　指导教师评定考核标准表

预期学习结果	考核依据	优秀（>90分）	良好（80~90分）	达成（60~80分）	未达成（<60分）
（1）BYSJ-1：数学和物理建模能力 能利用数学、自然科学和工程科学的基本原理，针对复杂工程问题建立数学和物理模型并得出恰当结论。 （2）BYSJ-2：分析及归纳能力 能通过文献研究，分析复杂电气工程问题的基本原理并给出分析结论。 （3）BYSJ-3：方案制定及系统设计能力 能综合专业基础课程与专业方向课程的知识学习，针对复杂电气工程问题，制定具体的解决方案，设计系统参数。 （4）BYSJ-4：创新能力 能在设计 / 开发解决方案中体现出一定的创新意识。 （5）BYSJ-5：对设计方案的可行性评价能力 能在社会、健康、安全、法律、文化以及环境等现实因素的约束下，对设计方案的可行性进行评价。 （6）BYSJ-6：实验方案的设计及实施能力 能在对复杂电气工程问题分析研究的基础上，设计具体可行的实验方案并进行实施。 （7）BYSJ-7：电气工程问题的模拟与预测能力 能针对具体电气工程复杂问题，采用现代工程工具进行模拟与预测。 （8）BYSJ-8：对工程实践及解决方案的评价能力 能评价电气专业工程实践和复杂电气工程问题解决方案对社会、健康、安全、法律以及文化的影响，并理解应承担的责任。 （9）BYSJ-11：外语沟通和交流能力 具备一定的国际视野，至少掌握一门外语并具有应用能力，能够在跨文化背景下进行沟通和交流。 （10）BYSJ-12：自主学习与终身学习能力 具有自主学习与终身学习并适应发展的能力。	毕业设计评定表（指导教师部分）	专业知识的认知和理解水平，文献检索、综述和运用能力优； 研究能力、方案设计能力和方案的实现程度优； 项目进展、完成质量，以及经费、耗材的使用合理； 论文、作品、图表规范性，语言文字表述能力，摘要写作水平优； 沟通合作能力和独立工作能力优； 专业外文资料翻译质量优	专业知识的认知和理解水平，文献检索、综述和运用能力良； 研究能力、方案设计能力和方案的实现程度良； 项目进展、完成质量，以及经费、耗材的使用较合理； 论文、作品、图表规范性，语言文字表述能力，摘要写作水平良； 沟通合作能力和独立工作能力良； 专业外文资料翻译质量良	专业知识的认知和理解水平，文献检索、综述和运用能力合格； 研究能力、方案设计能力和方案的实现程度合格； 项目进展、完成质量，以及经费、耗材的使用合理； 论文、作品、图表规范性，语言文字表述能力，摘要写作水平合格； 沟通合作能力和独立工作能力合格； 专业外文资料翻译质量合格	专业知识的认知和理解水平，文献检索、综述和运用能力不合格； 研究能力、方案设计能力和方案的实现程度不合格； 项目进展、完成质量，以及经费、耗材的使用不合理； 论文、作品、图表规范性，语言文字表述能力，摘要写作水平不合格； 沟通合作能力和独立工作能力不合格； 专业外文资料翻译质量不合格

表 5-5　评阅人评定成绩考核标准表

预期学习结果	考核依据	优秀（>90 分）	良好（80~90 分）	达成（60~80 分）	未达成（<60 分）
（1）BYSJ-1：数学和物理建模能力 能利用数学、自然科学和工程科学的基本原理，针对复杂工程问题建立数学和物理模型并得出恰当结论。 （2）BYSJ-2：分析及归纳能力 能通过文献研究，分析复杂电气工程问题的基本原理并给出分析结论。 （3）BYSJ-3：方案制定及系统设计能力 能综合专业基础课程与专业方向课程的知识学习，针对复杂电气工程问题，制定具体的解决方案，设计系统参数。 （4）BYSJ-4：创新能力 能在设计 / 开发解决方案中体现出一定的创新意识。 （5）BYSJ-5：对设计方案的可行性评价能力 能在社会、健康、安全、法律、文化以及环境等现实因素的约束下，对设计方案的可行性进行评价。 （6）BYSJ-6：实验方案的设计及实施能力 能在对复杂电气工程问题分析研究的基础上，设计具体可行的实验方案并进行实施。 （7）BYSJ-7：电气工程问题的模拟与预测能力 能针对具体电气工程复杂问题，采用现代工程工具进行模拟与预测。 （8）BYSJ-8：对工程实践及解决方案的评价能力 能评价电气专业工程实践和复杂电气工程问题解决方案对社会、健康、安全、法律以及文化的影响，并理解应承担的责任。 （9）BYSJ-11：外语沟通和交流能力 具备一定的国际视野，至少掌握一门外语并具有应用能力，能够在跨文化背景下进行沟通和交流。 （10）BYSJ-12：自主学习与终身学习能力 具有自主学习与终身学习并适应发展的能力。	毕业设计评定表（评阅人部分）	论文的文字表达能力及论文书写规范性优； 综合运用科学方法和相关技术，对课题涉及的工程或科学问题进行分析和解释的能力优； 论文针对研究的问题做出合理、有效、正确的结论的能力优	论文的文字表达能力及论文书写规范性良； 综合运用科学方法和相关技术，对课题涉及的工程或科学问题进行分析和解释的能力良； 论文针对研究的问题做出合理、有效、正确的结论的能力良	论文的文字表达能力及论文书写规范性合格； 综合运用科学方法和相关技术，对课题涉及的工程或科学问题进行分析和解释的能力合格； 论文针对研究的问题做出合理、有效、正确的结论的能力合格	论文的文字表达能力及论文书写规范性不合格； 综合运用科学方法和相关技术，对课题涉及的工程或科学问题进行分析和解释的能力不合格； 论文针对研究的问题做出合理、有效、正确的结论的能力不合格

表 5-6　答辩成绩考核标准表

预期学习结果	考核依据	优秀（>90 分）	良好（80~90 分）	达成（60~80 分）	未达成（<60 分）
（1）BYSJ-1：数学和物理建模能力 能利用数学、自然科学和工程科学的基本原理，针对复杂工程问题建立数学和物理模型并得出恰当结论。 （2）BYSJ-2：分析及归纳能力 能通过文献研究，分析复杂电气工程问题的基本原理并给出分析结论。 （3）BYSJ-3：方案制定及系统设计能力 能综合专业基础课程与专业方向课程的知识学习，针对复杂电气工程问题，制定具体的解决方案，设计系统参数。 （4）BYSJ-4：创新能力 能在设计 / 开发解决方案中体现出一定的创新意识。 （5）BYSJ-5：对设计方案的可行性评价能力 能在社会、健康、安全、法律、文化以及环境等现实因素的约束下，对设计方案的可行性进行评价。 （6）BYSJ-6：实验方案的设计及实施能力 能在对复杂电气工程问题分析研究的基础上，设计具体可行的实验方案并进行实施。 （7）BYSJ-7：电气工程问题的模拟与预测能力 能针对具体电气工程复杂问题，采用现代工程工具进行模拟与预测。 （8）BYSJ-8：对工程实践及解决方案的评价能力 能评价电气专业工程实践和复杂电气工程问题解决方案对社会、健康、安全、法律以及文化的影响，并理解应承担的责任。	毕业设计评定表（答辩部分）	答辩准备工作（仪态端庄、PPT 规范、重点突出、论文完整）优； 论文自述情况（逻辑性、重点表述）及问题回答情况优； 成果验收（与设计任务书要求一致程度）情况优	答辩准备工作（仪态端庄、PPT 规范、重点突出、论文完整）良； 论文自述情况（逻辑性、重点表述）及问题回答情况良； 成果验收（与设计任务书要求一致程度）情况良	答辩准备工作（仪态端庄、PPT 规范、重点突出、论文完整）合格； 论文自述情况（逻辑性、重点表述）及问题回答情况合格； 成果验收（与设计任务书要求一致程度）情况合格	答辩准备工作（仪态端庄、PPT 规范、重点突出、论文完整）不合格； 论文自述情况（逻辑性、重点表述）及问题回答情况不合格； 成果验收（与设计任务书要求一致程度）情况不合格

5.3 开题报告

北方工业大学

本科毕业设计（论文）开题报告书

题　　目：____

　　　　　____

指导教师：____

专业班级：____

学　　号：____

姓　　名：____

日　　期：______年____月____日

一、选题的目的、意义、背景及国内外发展现状

二、本课题的基本内容

三、课题研究方案

（要求具体说明课题研究方案，包括设计过程、实现方法或流程图、结构图、算法等）

四、完成期限和主要措施

五、预期达到的目标

六、主要参考文献

毕业设计学生承诺：

本人承诺在毕业设计工作期间，遵守技术标准和各项行业技术规范，遵守相关法律法规，尊重他人知识产权，恪守职业道德。

学生签名：　　　年　　月　　日

七、指导教师意见

<table>
<tr><td>开题成绩：
（选题和文献 30% + 基本内容和研究方案 50%+ 预期目标和完成进度措施 20%）

指导教师签字：
年　月　日</td></tr>
</table>

八、系审查意见

<table>
<tr><td>

系主任签章：
年　月　日</td></tr>
</table>

九、学院审查意见

<table>
<tr><td>

院长签章：
年　月　日</td></tr>
</table>

注：开题报告书内容第一～六项需在开题答辩前完成。红色字成稿打印前删去。

5.4 中期报告

北方工业大学

本科毕业设计（论文）中期报告书

题　　目：____

　　　　　____

指导教师：____

专业班级：____

学　　号：____

姓　　名：____

日　　期：______年____月____日

一、本课题的研究内容

二、目前已完成工作

（包括两部分内容：1. 目前已完成工作。2. 客观分析和说明课题工作中是否遵守相关的技术标准，知识产权的引用是否符合相关法律法规，评价课题解决方案对社会、健康、安全、法律以及文化的影响。）

三、课题未完成工作

四、课题后期进度安排

五、指导教师意见

（指导老师需说明，学生项目管理和项目进度情况，并给出100分制成绩）

成绩：指导教师签字：

年　月　日

注意：所有说明的文字，打印时需删除。

5.5　成绩评定表

表5-7　电气与控制工程学院毕业设计成绩评定表（一）

（指导教师用）

学生姓名	张三	学　号	17*		班　级	电气17-2
课题名称	分时电价下的负荷响应研究与仿真					
评价指标（50分）	分值占比	评　价　等　级				分项得分
		A（90～100）	B（80～89）	C（60～79）	D（<60）	
专业知识的认知和理解知水平，文献检索、综述和运用能力	20%			√		61
研究能力、方案设计能力和方案的实现程度	20%			√		62
项目进展、完成质量，以及经费、耗材的使用	20%			√		62
论文、作品、图表规范性，语言文字表述能力，摘要写作水平	20%			√		61
沟通合作能力和独立工作能力	10%			√		62
专业外文资料翻译质量	10%			√		61
合　计	1	总　成　绩				62
电气与控制工程学院毕业设计成绩评定表（一）						
指导教师签字：　年　月　日						

表 5-8　电气与控制工程学院毕业设计成绩评定表（二）
（评阅教师用）

学生姓名	赵仁杰	学　号	17153030109		班　级	双培 17-2
课题名称	分时电价下的负荷响应研究与仿真					
评价指标（20分）	分值占比	评价等级				分项得分
		A（90～100）	B（80～89）	C（60～79）	D（<60）	
论文的文字表达能力及论文书写规范性	25%			√		60
能综合运用科学方法和相关技术，对课题涉及的工程或科学问题进行分析和解释	50%			√		60
论文针对研究的问题做出了合理、有效、正确的结论	25%			√		60
合　计	1	总　成　绩				60
指导教师签字：		年　月　日				

5.6　本科生毕业设计说明书（论文）写作规则

1. 毕业设计说明书（论文）的组成部分及要求

一篇完整的毕业设计说明书（论文）应包括封面，题目，中英文摘要和关键词，论文目录，论文正文（引言、主体、结论），致谢，参考文献和注释，附录，外文资料翻译及原文等。具体要求分述如下：

（1）题目

题目应准确地表达毕业设计（论文）的特定内容，恰如其分地反映研究的范围和达到的深度。中文标题一般在20字以内，外文标题一般不宜超过10个实词。必要时可加副标题。

（2）中文摘要和关键词

摘要是对论文内容准确概括而不加注释或者评论的简短陈述，应尽量反映论文的主要信息，内容包括研究目的、方法、成果和结论。摘要应具有独立性，一般不含图表、化学结构式和非通用的符号或者术语，如果采用非标准的术语、缩写词和符号等，均应在第一次出现时给予说明。中文摘要一般为200~300字。

关键词是供检索用的主题词条，是反映毕业设计（论文）主题内容的名词，应采用具有专指性且能覆盖毕业设计（论文）主要内容的通用词条（技术性词条参照相应的技术术语标准）。关键词一般为3~8个。按词条的外延层次排列（外延大的排在前面）。每个关键词之间用分号隔开，末尾不加标点符号。关键词排在摘要下方。

（3）外文摘要和关键词

论文应有外文摘要，应采用第三人称表达句，谓语动词尽量用现在时或者过去时主动语态。外文摘要和关键词应与中文摘要和关键词相对应，外文摘要前应有毕业设计（论文）的外文标题。

（4）毕业设计（论文）目录

目录按三级标题编写，要求层次分明，页号标示准确，且要与正文中标题一致。主要包括引言、论文主体、结论、致谢、参考文献、附录、外文资料翻译及原文等。如下例：

目录

1 引言　1
1.1　课题背景　1
1.2　交会对接技术发展概况　3
1.2.1　俄罗斯空间交会对接发展概况　5
1.2.2　美国空间交会对接发展概况　7
2 空间飞行器　20
2.1　空间飞行器的产生　20
2.2　空间飞行器的姿态表示　23
……（省略）
结论　50
致谢　51
参考文献　52
附录　54
外文资料翻译及原文　56

注：附录若装订在论文里面，要求按照顺序编排页码，在目录里面体现出来；若单独装订，则不在目录中体现。参考后文关于附录部分说明。

（5）毕业设计（论文）正文

1）引言

引言简要地说明毕业设计（论文）的背景、目的、范围、课题的研究方法及主要解决的问题。对共同承担的课题和前后延续性课题应对自己完成部分、前人研究情况及其与本论文的关系，论文构成及研究内容等进行说明。

引言不要与论文摘要雷同或者成为摘要的解释，不要注释基本理论，不要推导基本公式，若沿用已知理论和原理，只需简略提示，对前人工作只讲与本课题相关的主要结论，并指出文献来源（采用上标注明“文献”或者“见文献”字样），不要展开叙述。引言不宜过长，但应认真撰写，因为它往往是读者注意力的焦点。

2）毕业设计（论文）主体部分

它是毕业设计（论文）的主体和核心部分，要实事求是，准确无误，层次分明，合乎逻辑，文字简练、通顺。其中需要注意的细节部分有以下几点：

① 章节撰写规范

论文主体部分要分章节撰写，各章标题要重点突出、简明扼要，不得使用标点符号，字数一般在15字以内。要按照三级标题格式撰写。

例如：2 空间飞行器

2.1　飞行器发明历程

2.1.1　时代背景

——————————（内容省略）——————————

2.1.2　发展历程

——————————（内容省略）——————————

② 文字

论文中汉字应采用《简化汉字总表》规定的简化字，并严格执行汉字的规范化。字面清晰，不得涂改。

③ 表

表的结构应简洁，采用三线表。如下例，上下两根线宽设置为3/2磅，中间一根线宽为1/2磅，必要时可加辅助线，以适应较复杂表格的需要。表中各栏都应标注量和相应的单位。表内数字须上下对齐。相邻栏内的数字或者内容相同，不能用“同上”“同左”“"”和其他类似用词。应一一重新标注。

表 1.1　三线表示例

x/cm	I/mA	v/（$m \cdot s^{-1}$）	h/m	p/MPa
10	30	2.5	4	110
12	34	3.0	5	111

每个表格应有表序和表名，并在文中进行说明。例如：“如表1.1”。表序一般按章编排，如第二章第三个插表的序号为“表2.3”等。表序与表名之间空两格，表名中不允许使用标点符号，表名后不加标点。表序与表名居中置于表的上方，段前间距为0，段后间距为6磅。表序和表名使用小五号字，黑体。表中字符为小五号字，宋体。

④ 图

图要精选，切忌与文字和表重复，主要包括曲线图、结构图、示意图、框图、流程图、照片等。图中文字、符号标注清楚，并与正文一致。图中字符为六号字，宋体。每幅插图均应有图号和图名，图号按章编排，如第二章第一个图的图号为“图2.1”等。图名在图号之后空两格排写并居中置于图下，段前间距为6磅，段后间距为0。图名和图号使用小五号字，黑体。图中若有分图时，分图号用（a）、（b）等置于分图之下。毕业设计中的插图以及图中文字符号最好用计算机绘制和标出。插图尺寸一般不超过16开的版心（14.5cm × 21.5cm）。

⑤ 公式

公式应另起一行写在稿纸中央，公式和序号之间不加虚线。公式序号按章编排，如第二章第三个公式序号为“(2.3)”。文中引用公式时，一般用“见式（2.1）”或“由公式（2.1）”。公式的序号用圆括号括起放在公式右边行末。公式斜体，式中单位、数字均为正体。

例：

$$y = 5x \tag{2.1}$$

⑥ 数字用法

公历世纪、年代、年、月、日、时刻和各种计数与计量，均用阿拉伯数字。年份不能简写，如1987年不能写成87年。数值的有效数字应全部写出，如0.50∶2.00，不能写作0.5∶2。用数字作为词素构成定型的词、词组、惯用语、缩略语，清朝以前（含清朝）的年、月、日，以及邻近两个数字并列连用所表示的概数，均使用汉字数字。表示概数时，数字间不加顿号，如五六吨、十六七岁等。

⑦ 软件程序

软件流程图和原程序清单要按软件文档格式附在毕业论文后面。

⑧ 工程图

工程图按国际规定装订，图幅小于或等于3# 图幅时应装订在论文内，大于3# 图幅时按国际规定单独装订作为附图。

3）结论

结论是毕业设计（论文）最终和总体结论，是论文的精华。要写得扼要明确，精练完整，准确适当，不可含糊其词，模棱两可。要着重阐述自己研究的创造性成果，新的见解、发现和发展，以及在本研究领域中的地位和作用、价值和意义，还可以进一步提出建议、研究设想、仪器设备改进意见、尚待解决的问题等。

在写作格式上，每一项内容可以分条标出序号，也可以每一条单独成段，由一句话或者几句话组成。结论以文字表达为主，但应包括必要的数据。

（6）专题部分

毕业设计（论文）的专题部分是指内容与正文有关，但又相对独立，比较专门、深入研究探讨的部分，或者是毕业设计（论文）中比较精彩的具体应用（设计）实例。专题部分的撰写应准确地表达论文的专题部分内容，恰如其分地反映研究的问题所在和解决问题所采用的方法与手段。专题的篇幅与正文部分相比较应短小精悍。如果任务书中有专题的要求，专题应安排在正文之后，不得与正文交叉混合，彼此不分。如果无专题要求可不写。

（7）致谢

作者对导师和给予指导或协助完成毕业设计（论文）工作的组织和个人表示感谢。文字要简捷、实事求是，切忌浮夸和庸俗之词。通常置于文末。

（8）参考文献和注释

1）参考文献

为了反映论文的科学依据，表达作者尊重他人研究成果的严肃态度，同时向读者提供有关信息的出处，正文之后应列出参考文献。列出文献只限于作者亲自阅读过的、发表在公开出版物上的以及网上下载的文献资料。私人通讯和未发表的著作、电气工程及其自动化专业的本科教材均不宜作为参考文献著录。参考文献中应有1-2篇外文参考文献，如外文翻译的内容与课题相关，也应列入参考文献。

① 论文中被引用的参考文献采用阿拉伯数字加方括号的指示序号（如［1］,［2］…）作为上角标，对正文中参考文献引用部分进行标识。参考文献著录采用顺序编码制，按照文献在整个论文中首次引用的次序排列，序号左顶格，且与论文中引用序号一致，每条著述结尾处均以“.”结束。“参考文献”居中，小5号，黑体，其内容使用小5号字，宋体。

② 作者不多于3人时要全部写出，并用“,”号相隔；3人以上只列出前3人，后加“等”或相应的文字“et al”；“等”或“et al”前加“,”。

③ 参考文献由学术期刊和会议论文集、学术著作、专利和标准等组成。格式如下（参照国家GB/T 7714—87《文后参考文献著录规则》）：

期刊论文：[序号]作者.文章名[J].期刊名，出版年，卷（期）：引文页码[引用日期].获取和访问路径.数字对象唯一标识符.

[1] 浦维达，吴海权，黄虎，等.论高等职业教育[J].实验室研究与探索，2002，20（6）：133-135.

[2] 刘云珍.提高大型仪器使用效益的几点思考[J].实验室研究与探索，2005，24（4）：118-120.

若没有卷号，则采用：[序号]作者.文章名[J].期刊名，出版年（期）：引文页码[引用日期].获取和访问路径.数字对象唯一标识符.

[1] 叶辉.FANUG数控系统PMC功能的妙用[J].制造技术与机床，2003（2）：73-74.

专（译）著：[序号]作者.书名[M]（译者）.版次（第1版应省略）.出版地：出版者，出版年：引文页码.

[1] 李辉.ISP系统设计技术入门与应用[M].北京：电子工业出版社，2002，100-103.

[2] 霍夫斯塔.禽病学[M].胡祥壁，译.北京：农业出版社，1981：789-800.

报纸：[序号]作者.文章名[N].报纸名，出版日期（版次）.

[1] 谢习德.创造学习的新思路[N].人民日报，1998-12-25（10）.

电子文献：[序号]主要责任者.电子文献题名：其他题名信息[电子文献及载体类型标示].出版地：出版者，出版年：引文页码（更新或修改日期）[引用日期].获取和访问路径.数字对象唯一标识符.

[1] 王明亮，常亮，唐晓刚，等 . 卫星姿控分系统的星地协同健康诊断框架设计 [J]. 航天控制，2021（006）：039.

[2] 林江涛 . 支气管哮喘的诊断与治疗 [M/CD]. 北京：中华医学电子音像出版社，2005.

会议录、论文集：[序号] 作者 . 论文集名 [C]. 出版地：出版者，出版年 .

学位论文：[序号] 作者 . 题名 [D]. 授予单位所在地：授予单位，授予年 .

[1] 张筑生 . 微分半动力系统的不变集 [D]. 北京：北京大学，1993.

专利文献：[序号] 专利所有者 . 专利名：专利号 [P]. 出版日期 .

[1] 姜锡州 . 一种温热外敷药制备方法：881056073[P].1989-07-26.

技术标准：[序号] 发布单位 . 技术标准名称技术标准代号 [S]. 出版地：出版者，出版日期 .

[1] 全国文献工作标准化技术委员会第六分委员会 . 文献编写规则 GB 6447—1986[S]. 北京：中国标准出版社，1986.

技术报告：[序号] 作者 . 题名 [R]. 报告地：报告会主办单位，年份 .

[1] 程绍行 . 大渡河上游森林调查报告 [R]. 四川：四川省水土资源局，1938.

各种未定类型的文献：[序号] 作者 . 题名 [Z]. 出版地：出版者，出版年 .

[1] 张永禄 . 唐代长安词典 [Z]. 西安：陕西人民出版社，1980.

④ 几种文献及电子文献类型及其标识为：

期刊 [J] 普通图书 [M] 会议录 [C] 学位论文 [D] 专利 [P] 标准 [S]

报纸 [N] 报告 [R] 磁带 [MT] 磁盘 [DK] 光盘 [CD] 联机网络 [OL]

网上数据库 [DB/OL] 光盘图书 [M/CD] 磁带数据库 [DB/MT] 磁盘软件 [CP/DK] 网上期刊 [J/OL] 网上电子公告 [EB/OL]

2. 注释

正文注释用圈码作为上角标，例如①、②、③…。注释内容置于页面底端，称为脚注。起始编号①，编号方式每页重新编号，小五号宋体。

（9）附录

一些不宜放在正文中，但有参考价值的内容，如较复杂的公式推演、计算机源程序清单及其说明，或者设计图纸和图片等，应编入论文的附录中。如果附录内容较多，应设编号如附录 1、附录 2 等。附录应有附录名。附录可与论文装订在一起，或者另外装订，置于档案袋中存档。

（10）外文资料翻译及原文

翻译应为与毕业设计（论文）课题有关的外文资料，如外文学术期刊或论文集的论文。原文应附在译文之后，应有原文的出处和作者等信息。

译文应不少于 1 万个印刷符号，艺术类专业译文应不少于 5 千个印刷符号。

3. 毕业设计说明书（论文）篇幅要求

毕业设计说明书（论文）篇幅不少于1万字。艺术类专业以设计作品为主的毕业设计说明书（论文）篇幅不少于5千字。

4. 论文书写规范与打印装订

（1）书写规范

毕业设计（论文）除外语专业外，一般用汉语简化文字书写，语法及格式应符合中文书写规范。毕业设计（论文）必须由本人在计算机上输入、编排，并打印在学校统一印制的论文纸上，单面印刷。论文文档必须保证干净、整齐、齐全。

（2）页面设置

每页约24行，每行约34字；页面设置为B5 JIS（18.2cm×25.7cm）；论文上边距：4.5cm；下边距：1.5cm；左边距：2.5cm；右边距：1.5cm；行间距为1.5倍行距。

（3）装订顺序

论文的装订顺序为封面、中外文摘要及关键词、论文目录、论文正文（引言、主体部分、结论）、致谢、主要参考文献、附录、外文资料翻译、外文原文。

（4）字体、字号与排列

论文题目：居中排，二号黑体；

摘要：在“摘要：”之前空两字符，字间空一字符，小四号黑体，其后内容小四号宋体。

关键词：摘要下空一行，在“关键词：”之前空两字符，小四号黑体，其后是关键词，小四号宋体。

目录：“目录”居中排，小四号黑体。目录内容居左排，页码居右排，中间用“…”连接，小四号宋体。1.5倍行距。

章标题：左顶格，三号黑体。

节标题：左顶格，小四号黑体。

条标题：左顶格，小四号黑体。

正文：按照自然段依次排列，每段起行空两格，回行顶格，标点全角，1.5倍行距，小四号宋体。

数字和字母：Times New Roman体。

页码：页面底端居中设置，五号宋体。

毕业设计（论文）装订示意图

毕业设计（论文）封面
中文标题、中文摘要、关键词
外文标题、外文摘要、外文关键词
目录
毕业论文（设计）正文（引言、主体部分、结论）
致谢
参考文献
附录
外文资料翻译及原文
封底

5.7 毕业设计论文模板

页面设置为竖版 A4（21cm×29.7cm）；正文上边距：2.5cm（页眉在此 2.5cm 内设置）；下边距：1.5cm；左边距：2.5cm（装订线统一在左）；右边距：1.5cm；行间距为 1.5 倍行距。文本部分分为一栏

本页作为封面，格式不允许改变。可以彩色打印，也可以黑白打印，请使用白色卡纸作为封面和封底

北方工业大学

毕业设计说明书

（毕 业 论 文）

论文题目：

学 院：

专 业：

班 级：

姓 名：

学 号：

指导教师：

评 阅 人：

黑体二号加粗；信息打印后手写填入

2020 年　月　日

每一册论文文本封面与正文之间需保留1页空白扉页。

一篇完整的毕业设计说明书（论文）应包括：

封面，题目，中英文摘要和关键词，论文目录，论文正文（引言、主体、结论），致谢，参考文献和注释，附录，外文资料翻译及原文。

论文题目（中文）

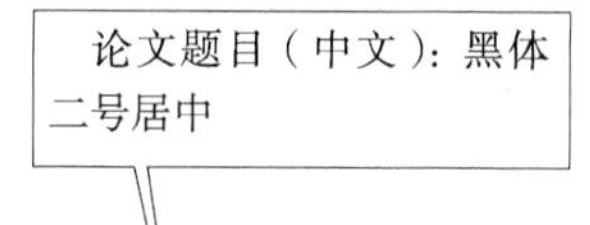

论文题目（中文）：黑体二号居中

摘　要：论文的摘要，是对论文研究内容的高度概括，其他人会根据摘要检索一篇研究生学位论文，因此摘要应包括：对问题及研究目的的描述、对使用的方法和研究过程进行的简要介绍、对研究结论的简要概括等内容。

摘要应具有独立性、自明性，应是一篇简短但意义完整的文章。

通过阅读论文摘要，读者应该能够对论文的研究方法及结论有一个整体性的了解，因此摘要的写法应力求精确简明。

摘要中不宜使用公式、化学结构式、图表和非公知公用的符号和术语，不标注引用文献编号。

关键词：学位论文；论文格式；规范化；模板

摘要下空一行，“关键词：”之前空两字符，小四号黑体；其后是关键词，小四号宋体

标题用三号 calibri 加粗字体，居中，单倍行距，段前 24 磅，段后 18 磅

Title of Dissertation

"Abstract:" 用小四号 calibri 加粗字体，其后内容小四号 Times New Roman

Abstract: North China University of Technology（NCUT），located on the western side of Beijing，is a multi-disciplinary university that combines the natural sciences and engineering with liberal arts，economics，management and law.

内容：Times New Roman，小四号字体，1.5 倍行距，段前段后 0 磅，与中文摘要内容一致

Key words: NCUT;teaching;beautiful campus

空 1 行，Times New Roman，小四号字体，1.5 倍行距，段前段后 0 磅，词与词间用分号隔开，"Key Words"两词 calibri 加粗字体

目录内容居左排，页码居右排，中间用“…”连接。
一级标题为黑体四号，左顶格。
二级标题、三级标题均为宋体小四号；行距18磅，段前6磅，段后0行。二级标题左侧缩进1字符，三级标题左侧缩进2字符。
页码右对齐，统一Times New Roman小四号字体

“目录”小四号黑体

目录

第1章　工程教育认证及其基本理念……1
　1.1　国际工程教育认证……1
　1.2　工程教育认证的基本理念……3
　1.3　评教与评学……3
第2章　电气类专业实习实践课程建设……17
　2.1　评价—反馈—改进闭环机制……17
　2.2　实习实践课程规划与建设……20
　2.3　实习实践课程设计……27
第3章　电气类专业生产实习教学设计与评学机制……34
　3.1　生产实习的能力培养要求与课程目标……34
　3.2　生产实习课程考核方案和依据……37
　3.3　生产实习期间的要求……39
　3.4　生产实习期间的安全注意事项……40
　3.5　生产实习（认识实习）线上教学方案具体实施细则……43
　3.6　生产实习成绩评定标准……48
　3.7　生产实习报告和日志参考模板……50
第4章　电气类专业认识实习教学设计与评学机制……56
　4.1　认识实习的能力培养要求与课程目标……56
　4.2　认识实习课程考核方案和依据……58

4.3 认识实习期间的要求 …… 59
4.4 认识实习期间的安全注意事项 …… 60
4.5 认识实习成绩构成及评定标准 …… 60
4.6 认识实习报告和日志参考模板 …… 61
第 5 章 电气类专业毕业设计教学设计与评学机制 …… 64
5.1 毕业设计的能力培养要求与课程目标 …… 64
5.2 课程考核方案和依据 …… 68
5.3 开题报告 …… 73
5.4 中期报告 …… 79
5.5 成绩评定表 …… 84
5.6 本科生毕业设计说明书（论文）写作规则 …… 88
5.7 毕业设计论文模板 …… 97
5.8 优秀毕业设计案例（缩略版）…… 112

正文页眉部分，应有北方工业大学本科毕业设计论文字样，宋体五号居中

第1章　绪论的书写规范与要求

二级标题：黑体四号加粗顶左（英文用Times New Roman），单倍行距，段前24磅，段后6磅

一级标题：黑体三号加粗顶左（英文用Times New Roman），单倍行距，段前24磅，段后18磅

1.1　研究背景

绪论（或引言等）一般作为第一章，是论文主体的开端。绪论应包含整个研究工作的范围、目的及意义、相关前人工作、项目研究的理论基础、典型研究方法、技术路线等，叙述应言简意赅，不要与摘要雷同。

为了充分阐述前人的工作，并对相关研究工作进行论证和分析，综述分析可以单独成章。

三级标题：黑体小四号加粗顶左（英文用Times New Roman），行距固定值20磅，段前12磅，段后6磅

正文：按照自然段依次排列，每段起行空两格，回行顶格，标点全角，1.5倍行距，小四号宋体；（英文用Times New Roman），下同

1.1.1　相关研究的进一步说明

有必要可以进一步分小节进行阐述。

1.1.2　其他说明

……

1.2　研究内容

介绍学位论文的主要内容，具体安排可参照如下：

第一章为绪论。介绍了本论文的研究背景、研究的目的和意义。

第二章讨论了……。

第三章详细分析了……。

第四章在……的基础上，通过……提出了……。

第五章为结果与讨论。运用……，得出了……。讨论结果的影响及意义。

第六章为结论与不足。总结本研究的成果，分析研究中的不足之处。

第 2 章　正文书写规范和要求

引用参考文献，采用“上标”方式，且用方括号 [ ] 括起来

2.1　一般格式要求

论文正文可以拆成若干章节论述，每章节都应遵循如下书写规范。

2.1.1　字体和字号

在正文中的字体和字号要求与前面第一章中的完全一致[1-4]。建议直接套用提供的模板。

从正文开始直至结束，使用阿拉伯数字标记页码，用 Times New Roman 五号字，居中排列

2.1.2　章格式

不同章之间用分页符隔开，新的章另起一页。

2.2　其他格式要求

公式应另起一行写在稿纸中央，公式和序号之间不加虚线。公式序号按章编排，如第二章第三个公式序号为“(2.3)”。文中引用公式时，一般用“见式（2.1）”或“由公式（2.1）”。公式的序号用圆括号括起放在公式右边行末。公式斜体，式中单位、数字均为正体

2.2.1　公式要求

正文中数学公式应采用规范的数学格式，建议使用公式编辑器或 Mathtype 等数学公式录入工具，如公式（2.1），公式按章统一顺序编号：

$$z = x^2 + \sin y \qquad (2.1)$$

数学公式居中，公式标号右对齐

2.2.2 章节图表标号规则

图应具有“自明性”，应鲜明清晰。图包括曲线图、构造图、示意图、流程图等。图的编号和图名符合规范，并应置于图下方。

图要精选，切忌与文字和表重复，主要包括曲线图、结构图、示意图、框图、流程图、照片等。图中文字、符号标注清楚，并与正文一致。图中字符为六号字，宋体

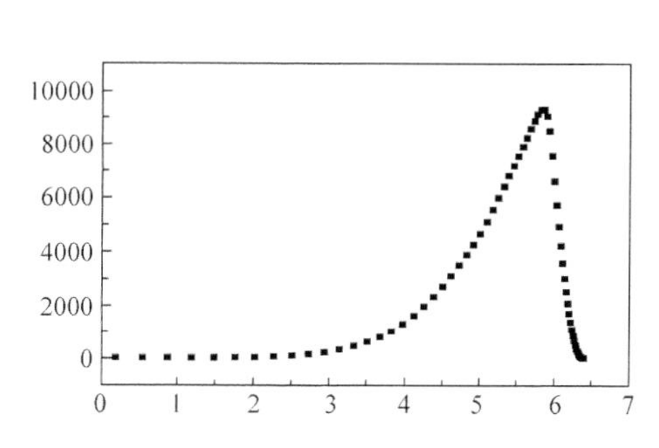

图 2.1 内热源沿径向的分布

每幅插图均应有图号和图名，图号按章编排，如第二章第一幅图的图号为“图 2.1”。图名在图号之后空两格排写并居中置于图下，段前间距为 6 磅，段后间距为 0。图名和图号使用小五号字，黑体（数字使用 Times New Roman）。图中若有分图时，分图号用（a）、（b）等置于分图之下。毕业设计中的插图以及图中文字符号最好用计算机绘制和标出

表应具有“自明性”。表的编号和表名应规范，并置于表上方。表名应简单明了。

表 2.1 1993 年和 2000 年三项指标的基尼系数

年份	人均工农业产值	人均生产性公共支出	公共支出总额中生产性投资
1993	46.47	68.28	33.04
2000	48.39	73.34	41.82
变化率	4.13	7.41	26.57

采用三线表，上下两根线宽设置为 3/2 磅，中间一根线宽为 1/2 磅，必要时可加辅助线，以适应较复杂表格的需要。表中各栏都应标注量和相应的单位。表内数字需上下对齐

每个表格应有表序和表名，并在文中进行说明。例如：“如表 2.1”。表序一般按章编排，如第二章第三个插表的序号为“表 2.3”。表序与表名之间空两格，表名中不允许使用标点符号，表名后不加标点。表序与表名居中置于表的上方，段前间距为 0，段后间距为 6 磅。表序和表名使用小五号字，黑体。表中字符为小五号字，宋体（数字使用 Times New Roman）

表的编排建议采用国际通行的三线表。一般是内容和测试项目由左至右横读，数据依序竖读 [3，5]。如某个表需要转页接排，在随后的各页上应重复表的编号。编号后跟表题（可省略）和“(续)”，置于表上方。续表均应重复表头和有关表述。

2.3 本章总结

不同学科根据自身的论文要求，可在最后加上结论或总结。

第 X 章　结论与展望

X.1 主要结论

此为正文最后一章。本文主要研究了……。

X.2 研究展望

……

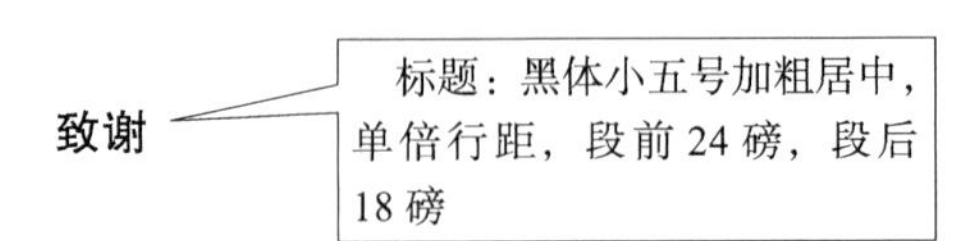

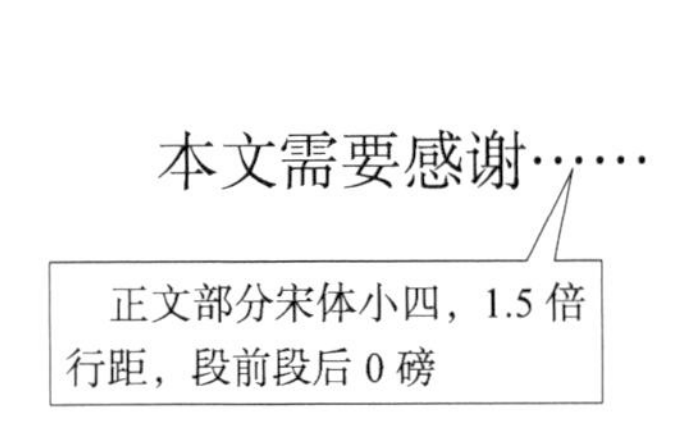

参考文献

标题：黑体三号加粗居中，中间空两格，单倍行距，段前 24 磅，段后 18 磅

此处参考文献必须是正文中直接引用过的，且与正文中右上角方括号的标注严格一一对应。著录规则详见 GB/T 7714—2005《中华人民共和国国家标准》。

几种主要参考文献著录的格式如下：

1. 专著、论文集、学位论文、报告：

[序号] 主要责任者，文献题名 [文献类型标识]. 出版地：出版者，出版年 . 起

止页码（任选）。

2. 期刊文章：

[序号] 主要责任者，文献题名 [J]. 刊名，年，卷（期）：起止页码 .

3. 报纸文章

[序号] 主要责任者，文献题名 [N]. 报纸名，出版日期（版次）.

4. 国际、国家标准

[序号] 标准编号，标准名称 [S].

5. 专利

[序号] 专利所有者 . 专利题名 [P]. 专利国别：专利号，批准日期 .

6. 电子文献

[序号] 主要责任者 . 电子文献题名 [电子文献及载体类型标识]. 电子文献的出处或可获得地址 .

作者不多于 3 人时要全部写出，并用“,”号相隔；3 人以上只列出前 3 人，后加“等”或相应的文字“et al”。“等”或“et al”前加“,”

举例如下：

[1] 张坤，冯立群，于昌珏 . 图书馆目录 [C]. 北京：科学技术出版社，2007. 45-50.

[2] 郑志红 . 信息技术研讨会论文集：A 集 [C]. 北京：人民教育出版社，2005.

[3] 任玉辰 . 通讯系统模拟软件 [D]. 北京：北京大学数学系数学研究所，2001.

[4] 王西林 . 中国近现代诗词发展 [J]. 文化史研究，2004，5 : 271-281.

[5] 李长东 . 浅谈通信管道的设计与铺设 [J]. 北京邮电大学大学学报（自然科学版），2003，55（2）：12-17.

[6] 刘喜 . 列车自动防护（ATP）系统的功能 [N]. 参考消息，2010-11-17（5）.

[7] 孟津 . 一种温热外敷药制备方案 [P]. 中国专利：881056073，1989-07-26.

[8] 赵克兵 . 蜀河镇的兴衰与交通运输方式的演变 [J]. 读写算：教研版，2012，000（022）：141-141.

论文中被引用的参考文献采用阿拉伯数字加方括号的指示序号（如［1］,［2］…）作为上角标。

对正文中参考文献引用部分进行标识。参考文献著录采用顺序编码制，按照文献在整个论文中首次引用的次序排列，序号左顶格，且与论文中引用序号一致，每条著述结尾处均以“.”结束

参考文献宋体小五号（英文用 Times New Roman），按如下格式录入文献，行距固定值 20 磅，段前段后 0 磅。其中“,”为中文输入状态下半角；“.”为英文输入状态下半角，后空 1 格；“[]”为英文输入状态下半角

标题：黑体三号加粗居中（英文用 Times New Roman），单倍行距，段前 24 磅，段后 18 磅

附录

附录 A 题目

正文宋体小四号（英文用 Times New Roman），1.5 倍行距，段前段后 0 磅

附录正文

一些不宜放在正文中，但有参考价值的内容，如较复杂的公式推演、计算机源程序清单及其说明，或者设计图纸和图片等，应编入论文的附录中。如果附录内容较多，应设编号如附录 1、附录 2 等。附录应有附录名。附录可与论文装订在一起，或者另外装订，置于档案袋中存档。

外文资料翻译及原文

标题：黑体三号加粗居中（英文用 Times New Roman），单倍行距，段前 24 磅，段后 18 磅

英文翻译

翻译应为与毕业设计（论文）课题有关的外文资料，如外文学术期刊或论文集的论文。原文应附在译文之后，应有原文的出处和作者等信息。

原文不应少于 1 万个印刷符号。

格式要求同上述全部要求，概不赘述

5.8 优秀毕业设计案例（缩略版）

质子交换膜燃料电池的仿真建模与分析

作者

指导老师

摘 要：燃料电池具有效率高、环保、启动快等优点。随着气体燃料的生产运输技术的成熟，燃料电池的应用有非常广阔前景。本文介绍了燃料电池的发展历史，概

述了质子交换膜燃料电池建模研究现状，说明了 PEMFC 的结构以及它的工作原理；考察质子交换膜燃料电池的工作机理以及经验规律，着重分析了 PEMFC 的传质情况以及能量变化，在电化学以及热力学的基础上推导并建立了 PEMFC 的数学模型，并在 Matlab/Simulink 上进行仿真，将仿真结果与实际情况比对，吻合良好。

本文提出 PEMFC 动态电压的一种算法，对无法直接求解的电压方程给出显式解，在保证运算准确的同时，避免了由迭代产生的大量运算；同时为了更好地描述进气的实际过程，对原有的方程进行了更加细致的分析，考虑实际情况中进气速度存在极限值，对原有方程进行非线性修正。该方程不仅在稳态情况与原有的进气方程非常接近，而且对初始动态特征的描述更加贴合实际情况。仿真结果表明在合理范围内温度、湿度、压强与静态外电压均为正相关，并且当外部输入变化时，电池的响应状态均能达到理论预期。最后该模型可作为非线性电源接入外部电路用于其他仿真研究。

关键词： 质子交换膜燃料电池；Matlab/Simulink 建模；动态模型

1. 绪论

燃料电池是可以将反应物中的化学能转化为电能的一种电化学装置[8]，被广泛认为是将来可能成为电源的替代品。当前，燃料电池的应用受到重视，一是全球性的温室效应迫使人们寻求清洁能源；二是电池燃料的制备、运输、存储等技术日趋成熟。

当前质子交换膜燃料电池（PEMFC）已经进入一个试生产的阶段。有相当一部分汽车制造生产商研发并生产了一些燃料电池供电的新能源汽车，这些车辆已经投入市场中。相较于传统的热机，PEMFC 具有更高的效率。它不必遵循卡诺循环因而不会产生过多的废热，通常转化效率可达 45%，如果进行热电联供可达 80%[4][8]。燃料电池供电的新能源汽车由于是电启动的，它的推进更加迅速而高效。PEMFC 搭建的电源也同样在试验中，该电源与传统火电相比有启动快的特点，因而适合作为备用电源。氢气的来源非常广泛。PEMFC 的生成物是水，便于处理。

有大量现存的 PEMFC 数学模型，它们中一部分考察燃料电池中的反应过程；另一部分模型则基于对实验的观测数据的分析，提出了许多用于描述结果的经验公式[15][16]。PEMFC 的工作状态通常是复杂的，内部变量多，是一个多变量耦合在一起的非线性系统[13]。

为了研究和描述 PEMFC 的工作状态，研究者提出了许多不同的模型。其中有不考虑空间状态只考虑时间的集总参数模型，在一定范围内，该模型的仿真效果与高维模型近似，而且运算速度更快；分布参数按空间维数分类有一维、二维、三维模型。通过模型仿真，对实验数据进行比对，来优化 PEMFC 的设计。

本文简要概述了 PEMFC 的原理、结构，介绍了它的数学模型的研究状况。PEMFC 的工作情况是复杂的，因此，对电池动态特性的研究非常必要。建立合适的模型可以优化 PEMFC 系统的结构，实现更好的控制。

2. 质子交换膜燃料电池原理及结构

燃料电池的充放电过程是可逆的，这使得它可以作为一个长期的电源使用。燃料电池使用的反应物分别为阳极的还原剂，通常有氢气、乙醇等，以及阴极的氧化剂，一般使用空气，有时也使用纯氧。在两个电极之间使用电介质层隔开。而 PEMFC 中使用的电介质层为质子交换膜。这种电介质有一种特殊的特性——只允许质子通过，而不允许电子通过。本文讨论的 PEMFC 所使用的燃料为（氢气）。

在电池运行过程中，阳极发生氧化。氢气在阳极通过催化剂的作用生成的电子经过外部负载运输，而质子则以水合质子（$H^+ \cdot nH_2O$）的形式通过质子交换膜中的质子通道[10]到达阴极完成反应。阳极反应为

$$H_2 \rightarrow 2H^+ + 2e^- \tag{2-1}$$

在阴极发生还原反应，消耗氧气并生成水。

$$2e^+ 2H^+ + \frac{1}{2}O_2 \rightarrow H_2O \tag{2-2}$$

总反应为

$$H_2 + \frac{1}{2}O_2 \rightarrow H_2O \tag{2-3}$$

反应中除了释放电能，还会产生热量，同时还有水的产生。因此，PEMFC 需要拥有一定的结构来保证反应的持续稳定进行。

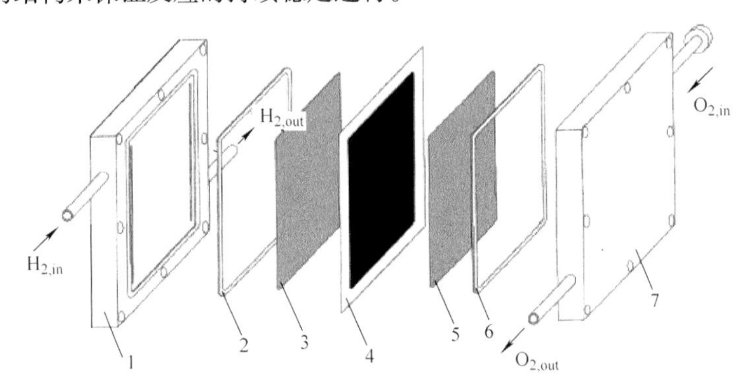

图 2-1 质子交换膜燃料电池的结构

1—阳极板 2—阳极密封 3—阳极扩散层 4—质子交换膜 5—阴极扩散层 6—阴极密封 7—阴极板

质子交换膜是 PEMFC 中的核心部分，它的主要功能是选择透过质子，以下简称交换膜。目前常用的材料一般为全氟磺酸膜（Nafion 膜）[8]，也有研究尝试使用其他聚合物代替。由于在交换膜中质子以水合质子（$H^+ \cdot nH_2O$）的形式存在，因此，交换膜含水量直接影响其传递质子的效率。

由于在实际使用中，通常将单电池首尾相连以实现工作需要。在制作过程中，

将上一个单电池的阴极与下一个的阳极连接在一起，共同制作为一个极板，因此，PEMFC 的电极被称为双极板。双极板通常由石墨或金属制成，它主要负责让反应充分进行，提供气体的流道。

电极主要包括极板、气体扩散层，以及催化层。扩散层通常与双极板相接，起到支撑、增加反应面积，以及提供电流通道的作用。通常将碳纸或碳布浸入憎水材料制成。催化层敷置于扩散层的另一侧。常用催化剂是 Pt。为了提高催化剂的利用效率，在使用中将纳米级 Pt 喷涂于碳颗粒上[5]。

3. 质子交换膜燃料电池数学模型的推导与建立

在不考虑电池的空间结构的前提下，电池传质示意图如下，其中下标 re 表示化学反应消耗与生成的部分；m 表示跨膜运输部分。

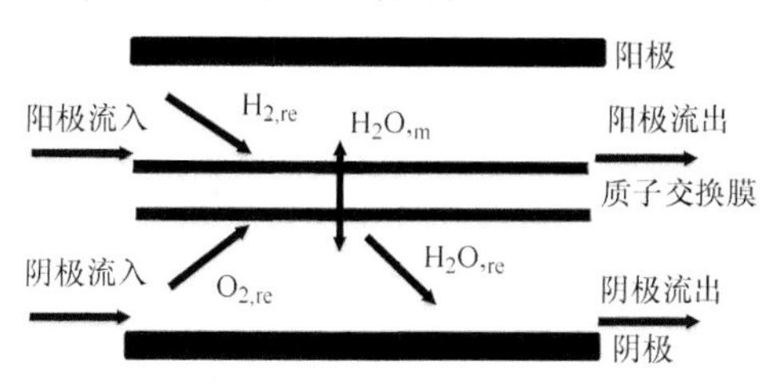

图 3-1 PEMFC 传质示意图

PEMFC 的完整模型包含的子模型有阳极模型、阴极模型、交换膜水模型以及决定响应的电压模型，和计算温度的能量模块。

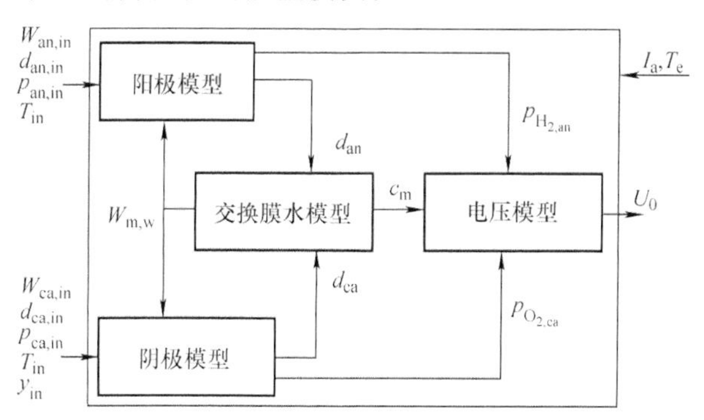

图 3-2 PEMFC 模型内部传质组成图

图 3-2 主要展示了 PEMFC 模型内部的传质情况以及对外部观测量电压的影响。图框外侧的 I_a、T_e 分别为电流密度（A/cm^2），电池温度（K），他们是全局变量。根据能量守恒，文中给出了能量模型对电池的温度 T_e 进行计算。

输出电压为

$$U_0 = E_n - U_{act} - U_{ohm} - U_{con} \tag{3-1}$$

工作状态下，电池的外电压 U_0 主要有几个部分：开路电压 E_n，活化电压降 U_{act}，

欧姆电压降 U_{ohm}，以及浓差电压降 U_{con}。

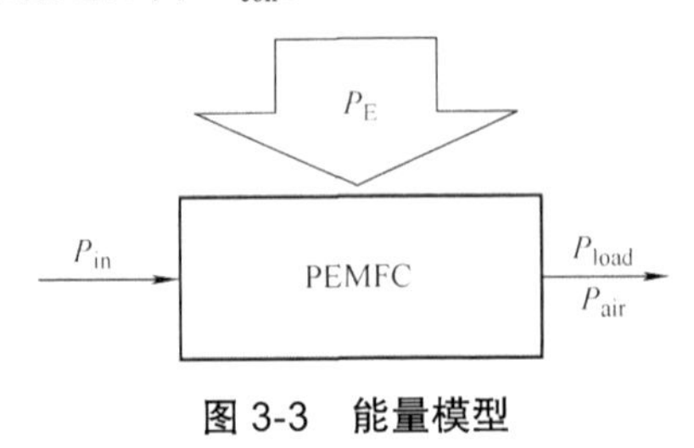

图 3-3 能量模型

4. 模型仿真与分析

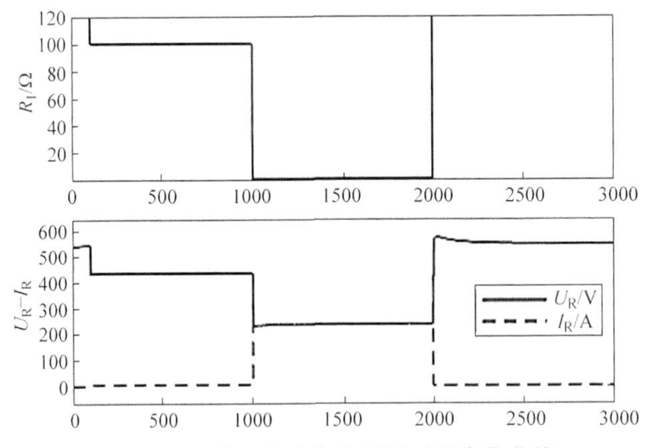

图 4-1 负载及电流和电压随时间变化曲线

图 4-1 展示了负载突变时电流和电压随时间变化曲线。在 1000s 时负载变为 1Ω。随着阻值的降低，电池的工作电流上升，电压突降至 240V，此时电流约为 240A。大致估算电流密度为 0.857（Ω/cm^2），浓差极化的效应增强。在 2000s 时负载变为 106Ω，接近空载；电压快速回升至约 550V，并随后缓慢跟随温度下降。

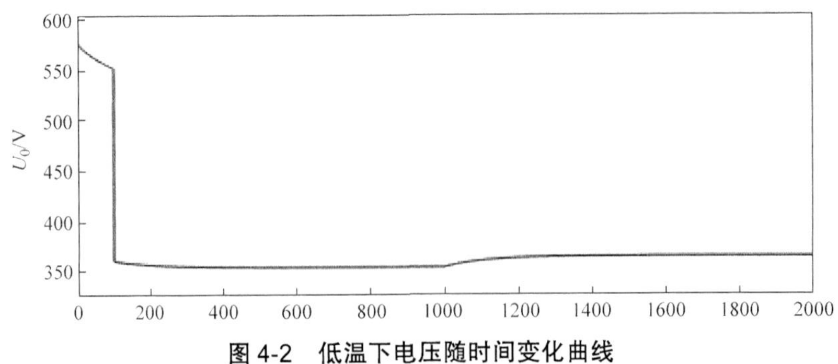

图 4-2 低温下电压随时间变化曲线

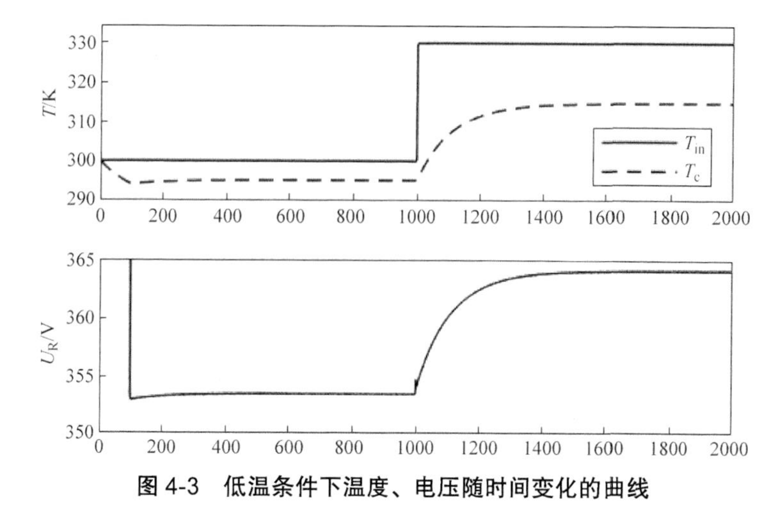

图 4-3　低温条件下温度、电压随时间变化的曲线

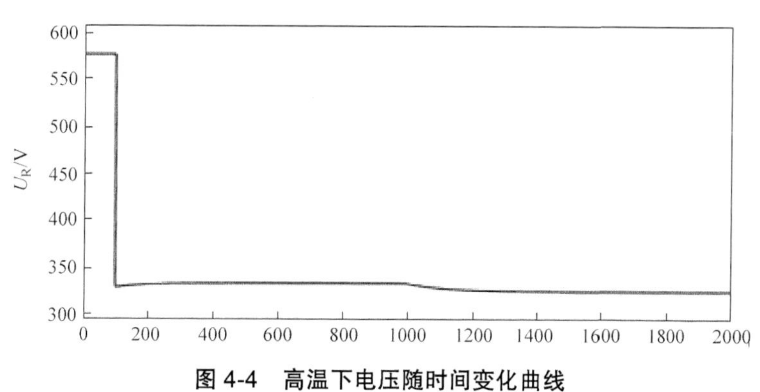

图 4-4　高温下电压随时间变化曲线

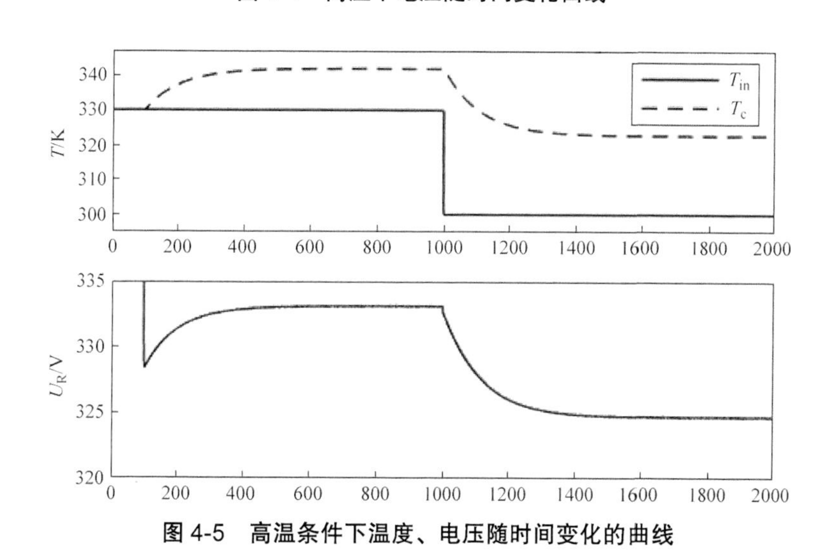

图 4-5　高温条件下温度、电压随时间变化的曲线

图 4-2、图 4-3 展示了低温、小负载情况下对电池供热后的响应。通过对进气加热，电池的温度上升，输出电压上升。

图 4-4、图 4-5 展示了高温、大负载情况下对电池降温后的响应。通过对进气冷却，电池的温度下降，输出电压下降。

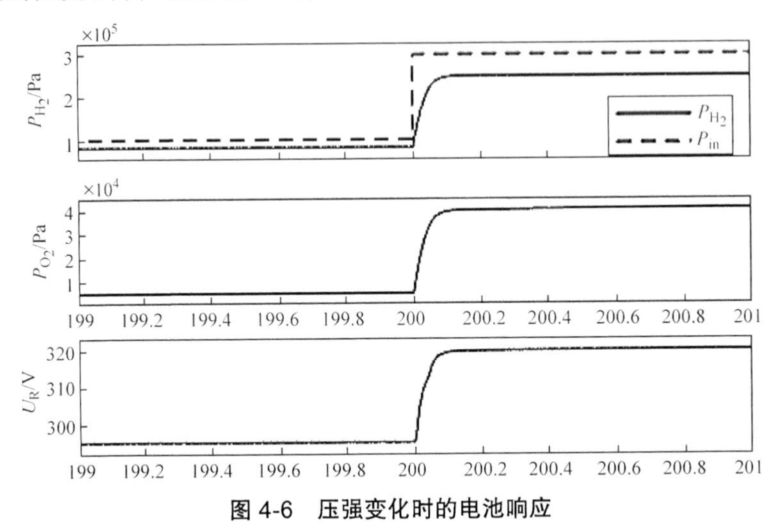

图 4-6　压强变化时的电池响应

图 4-6 展示增加进气压强后电池的响应过程。加压后，反应物压强上升，电压随之上升。

5. 总结

本文基于热力学以及电化学理论，在应用一些经验公式的基础上建立 PEMFC 的数学模型，并在 Matlab/Simulink 中实现了仿真分析。这一部分主要分析了电池温度、反应物压强以及不同湿度情况下的电池工作状态。推导和建立了 PEMFC 的动态模型，并对仿真结果进行了分析。仿真结果表明，模型的表现与理论预期和实际情况相符，模型正确。

参考文献

［1］ 胡红英，胡慧萍，陈启元 . 燃料电池用复合质子交换膜的研究进展［J］. 化工新型材料，2006，34（12）：34-38.

［2］ 李子君，王树博，李微微，等 . 波形流道增强质子交换膜燃料电池性能［J］. 清华大学学报（自然科学版），2021，61（10）：1046-1054.

［3］ 魏荣强，李世安，王皓，等 . 阳极封闭式质子交换膜燃料电池的研究进展［J］. 现代化工，2021，41（05）：30-34.

［4］ 张敬，卢雁，李圣，等 . 基于模糊 PID 控制的家用燃料电池热电联供系统建模与仿真［J］. 储能科学与技术，2021，10（03）：1117-1126.

［5］ 王洪建，程健，张瑞云，等 . 质子交换膜燃料电池应用现状及分析［J］. 热力发电，2016，45（03）：1-7，19.

［6］ 赵思臣，王奔，谢玉洪，等 . 无外增湿质子交换膜燃料电池线性温度扫描实验［J］. 中国电机工程学报，2014，34（26）：4528-4533.

［7］ 王瑞敏 . 基于神经网络辨识模型的质子交换膜燃料电池系统建模与控制研究［D］. 上海：上海交通大学，2008.

［8］ 衣宝廉 . 燃料电池现状与未来电源技术 [J]. 电源技术，1998（05）：34-39.

［9］ 毛宗强，陆文全，阎军 . 质子交换膜燃料电池（PEMFC）最新进展［C］. 第二十三届全国化学与物理电源学术会议，1998.

［10］ SHENDURE J，PORRECA G，REPPAS N，et al. Accurate Multiplex Polony Sequencing of an Evolved Bacterial Genome［J］. Science，2005，309（5741）：1728-1732.

［11］ GURAU V，LIU H，KAKAC S. Two-dimensional model for proton exchange membrane fuel cells［J］. AIChE Journal，1998，44（11）：2410-2422.

［12］ BERNING T，DJILALI N. Three-dimensional computational analysis of transport phenomena in a PEM fuel cell［J］. Journal of Power Sources，2002，124（2）：440-452.

［13］ BERNARDI D M，VERBRUGGE M W. Mathematical model of a gas diffusion electrode bonded to a polymer electrolyte［J］. AIChE Journal，2010，37（8）：1151-1163.

［14］ XUE X，TANG J，SMIRNOVA A，et al. System level lumped-Parameter dynamic modeling of PEM fuel cell［J］. Journal of Power Sources，2004，133（2）：188-204.

［15］ MARTINS L S，GARDOLINSKI J，VARGAS J，et al. The experimental validation of a simplified PEMFC simulation model for design and optimization purposes［J］. Applied Thermal Engineering，2009，29（14-15）：3036-3048.

［16］ CHUGH S，CHAUDHARI C，SONKAR K，et al. Experimental and modeling studies of low temperature PEMFC performance［J］. International Journal of Hydrogen Energy，2020，

45 : 8866.

[17] NIYA S, PHILLIPS R K, HOORFAR M . Process modeling of the impedance characteristics of proton exchange membrane fuel cells [J]. Electrochimica Acta, 2016, 191 : 594-605.

[18] LAZAR A L, KONRADT S C, ROTTENGRUBER H . Open-Source Dynamic MATLAB/Simulink 1D Proton Exchange Membrane Fuel Cell Model [J]. Energies, 2019, 12 (18): 3478-3489.

[19] LAOUN B, NACEUR M W, KHELLAF A , et al. Global sensitivity analysis of proton exchange membrane fuel cell model [J]. International Journal of Hydrogen Energy, 2016, 41 (22): 9521-9528.

[20] ROWE A, LI X . Mathematical modeling of proton exchange membrane fuel cells [J]. Journal of Power Sources, 2001, 102 (1-2): 82-96.

[21] DUTTA S, SHIMPALEE S, ZEE J. Numerical prediction of mass-exchange between cathode and anode channels in a PEM fuel cell [J]. International Journal of Heat & Mass Transfer, 2001, 44 (11): 2029-2042.